智能媒体的创新与应用

黄任勇　著

九州出版社
JIUZHOUPRESS

图书在版编目（CIP）数据

智能媒体的创新与应用 / 黄任勇著 . -- 北京 : 九州出版社，2024.10. -- ISBN 978-7-5225-3164-9

Ⅰ. TN91

中国国家版本馆 CIP 数据核字第 2024EW6929 号

智能媒体的创新与应用

作　　者　黄任勇　著
责任编辑　云岩涛
出版发行　九州出版社
地　　址　北京市西城区阜外大街甲 35 号（100037）
发行电话　(010) 68992190/3/5/6
网　　址　www.jiuzhoupress.com
印　　刷　河北万卷印刷有限公司
开　　本　710 毫米 ×1000 毫米　16 开
印　　张　11
字　　数　150 千字
版　　次　2024 年 10 月第 1 版
印　　次　2024 年 10 月第 1 次印刷
书　　号　ISBN 978-7-5225-3164-9
定　　价　68.00 元

前言

随着科技的日益发展，媒体的形态与内容也在进行着深刻的变革。作为一种融合了人工智能技术与传媒技术的新型媒体形态，智能媒体正在重构媒体生态、推动媒体产业发展，对社会、文化、经济产生深远影响。智能媒体的应用已经逐步渗透教育、医疗、娱乐、广告等特定行业中，展现出无限的可能性和挑战性。

在全球化信息化的背景下，人们对信息的需求越来越高，这要求媒体能提供高效、精准、个性化的信息服务。人工智能的发展为满足这种需求提供了可能。同时，智能媒体的出现也使我们思考，如何在保障信息安全的前提下，进行有效的信息传播。另外，如何在繁复的信息中筛选出真实、有价值的内容，避免信息污染，也是当前亟待解决的问题。人工智能与媒体技术的交叉应用，推动了媒体技术的变革和发展。从深度学习到计算机视觉，再到强化学习，新的技术不断刷新我们对媒体的认知。智能媒体以其无限的创新空间，正在影响着我们的生活方式，改变着我们接收和处理信息的方式。

然而，智能媒体的发展不仅仅是技术的革新，它对社会产生的影响更值得我们深入探讨。智能媒体的普及对社会的影响，对文化的影响，以及对经济的影响，都是我们无法忽视的问题。与此同时，智能媒体在特定行业的应用也是我们关注的重点，其在教育、医疗、娱乐、广告等领域的应用，都深深地影响着这些行业的未来走向。

本书是对智能媒体进行全面探索的一本专著。希望能通过本书，帮助读者对智能媒体有更深入的理解和思考，洞察其发展趋势，把握其所带来的机遇。

目 录

第一章　智能媒体概述

第一节　智能媒体的产生与特征

一、智能媒体的产生

在 20 多年前，传统大众媒体如报纸、杂志、广播和电视等正体验着最后的繁华期，而新浪、搜狐、腾讯、网易等互联网巨头，只是处于初始阶段。然而，那时的媒体从业者和研究人员已经敏感地察觉到，互联网可能会给传统媒体带来翻天覆地的变化，大众媒体的数字化进程由此开始。这是一个历史性的转折点，中国的电视媒体由此步入一个全新的数字化时代。在这个挑战和机遇共存的时期，中国电视媒体将面临何种问题？解决方案又在哪里？

这些问题也让同时期的报纸、广播和杂志等媒体深感困扰。一篇刊登在 1999 年 8 月 9 日的《互联网周刊》上的短文，虽然篇幅不长，但标题颇具冲击力，尤其在当时的背景下更是骇人听闻——《世纪末交锋：数字化媒体挑战报业王国》。该文直言不讳地指出，“中国的报业经营者普遍缺乏进军互联网的实力和野心”。在文章末尾，作者提出了一个预警："至少在 1999，中国的报业经营者还可以处之泰然；但在新世纪到来之时，当中国的上网用户足够多之时，网络媒体与传统媒体必将开始直接的交锋。对于他们来说，应当是警醒的时候了。"在那之后的实际情况也证实了这一预言，传统大众媒体开始集体焦虑，开始探索互联网接触、模式转型、版式改革、停刊或合并等变革，所有这些都与其数字化战略息息相关。传统大众媒体界如火如荼、势如破竹地迈向媒体进化的下一个阶段——数字媒体阶段。

在当前的社会背景下，绝大部分的大众媒体机构和类型已经进入了数字化的阶段，无可否认，广大的传统媒体也已经走完了数字化转型的道路。这个过程历经了 20 年的发展，经历了数字化、网络化以及产业化三个主要阶段。不论是新兴的媒体，还是传统的媒体，它们的核心设备、主要技术、内容呈现方式、组织流程和互动模式，都已经全面采用了数字化和网络化的运作方式。然而，我们需要清楚地认识到，数字化并不是媒体的最终形态，它仅仅是个过渡阶段。其实，在所有的大众媒体投入大量的精力进行数字化转型的同时，那些诞生于数字环境中的媒体已经率先开启了它们的下一次征程——智能化。

的确，媒体的演变并未因为传统媒体的数字化完成而终止，相反，包括传统媒体和新兴媒体在内的所有媒体形态和媒体内容的数字化与网络化只是推动媒体迈向更高层次的台阶。作为标志性的里程碑，2007 年 1 月 9 日，苹果公司发布了第一代 iPhone 智能手机。自那以后的十余年，信息通信技术行业引领了数字化融合的发展趋势。这种变革带来的剧变直接推动了全球各国的经济增长，加快了各种设备特别是智能设备，如智能手机、智能电视、平板电脑等的普及，直接促进了各个行业的创新。任何含有"智能"概念的技术或产品都在主导着各行各业的发展进程。在所有被智能化概念迅速渗透和改造的行业中，传媒行业因与信息通信技术有着天然的联系和交叉领域，表现出显著的竞争优势。智能媒体相关的学术研究和实际应用吸引了社会各界的广泛关注，从而推动了智能媒体理论和智能媒体产业的快速发展。

“人工智能技术在新闻传播领域的全面渗透是近年来的一个现象级的发展。未来传媒业的发展，很大程度上与人工智能技术的引入和应用关联在一起。人工智能技术不仅形塑了整个传媒业的业态面貌，也在微观上重塑了传媒产业的业务链。”[①] 智能媒体产业的主要构成可以分为内容、硬件、网络和平台这四个关键领域。这四个关键领域的创新和转型，使得当前的智能媒体生态系统与之前的数字媒体甚至是传统的大众媒体在本质上有着显著差异。这些领域的交融和发展正在重新塑造媒体的基本价值、核心能力、商业模式以及服务形态。更深一步，智能媒体生态系统的加速发展还可能重塑经济、文化和社会领域。

如今，我们生活在一个部分已经步入智能媒体时代的社会，然而，有些思维习惯仍根植于传统大众媒体的范畴内。因此，基于智能传播的新视角，我们需要重新思考传播的含义和特质。实际上，我们如何搭建并设计智能化的媒体硬件和应用平台，如何运用这些平台建立有价值的信息传播和社交网络，以及如何捕获并通过动态提供相应的内容产品满足个性化需求，这些都构成了人工智能时代媒体和传播的关键特性。因此，为智能媒体确立一个清晰的定义至关重要，但学界和业界尚未就智能媒体的确切定义达成共识。段鹏从用户的角度出发，认为常见的理解是，智能媒体应被视为一种能够智能识别用户偏好，从而在服务和信息两方面提供优秀用户体验的综合性媒体[②]。同时，封面传媒的前董事长及前首席执行官李鹏指出，人工智能已经深入渗透到传媒和传播的每一个环节和链条，包括传播者、传播内容、传播渠道、传播对象、传播效果，以及在生产阶段的素材收集、筛选分析、写稿审核、内容分发、营销环节等。在此背景下，智能媒体应该是一种“以人工智能为核心，由技术

① 喻国明，兰美娜，李玮．智能化：未来传播模式创新的核心逻辑——兼论“人工智能＋媒体”的基本运作范式[J]. 新闻与写作，2017（3）:41-45.

② 段鹏．智能媒体语境下的未来影像：概念、现状与前景[J]. 现代传播（中国传媒大学学报），2018，40（10）:1-6.

驱动的媒体”[①]。

对智能媒体的讨论和理解，无不紧扣其四大构成元素——内容、硬件、网络和平台，其核心目标就是为用户提供卓越的信息传递和交互体验。在此之上，我们可以对麦克卢汉（Mcluhan）的名言“媒介即讯息”进行修订，形成新的表述——“媒介即服务”。进一步地，我们可以将智能媒体定义为这样一种信息传播和媒介消费服务：它以智能硬件为工具，利用智能网络进行连接，将智能平台作为应用载体，以智能内容交互为其形式，从而将媒介的演化推向了智能化阶段。在这个新阶段，媒体的生产和消费显示出个性化、定制化、精准化和动态化等显著特点，标志着媒体传播理论研究和产业实践的关注焦点从大众化群体转向了独立个体。智能媒体发展带来的变化也催生了传播学研究范式的转变，基于智能媒体的计算传播学研究范式应运而生。智能媒体时代，无所不在的计算已经成为现实，它在未来几年对媒体传播领域产生的影响，将远超过过去20年来媒体世界经历的各种变革。因此，在这个充溢着智能媒体的时代，最好的理解和适应方式，便是主动了解和掌握那些正在开创新的智能媒体时代和计算传播学研究范式的领先者、创新者、参与者和研究者的世界观、价值观、认识论和方法论。

二、智能媒体的特征

要想理解全新的智能媒体时代，首先应当深刻理解智能媒体的基本特征，如图1–1所示。

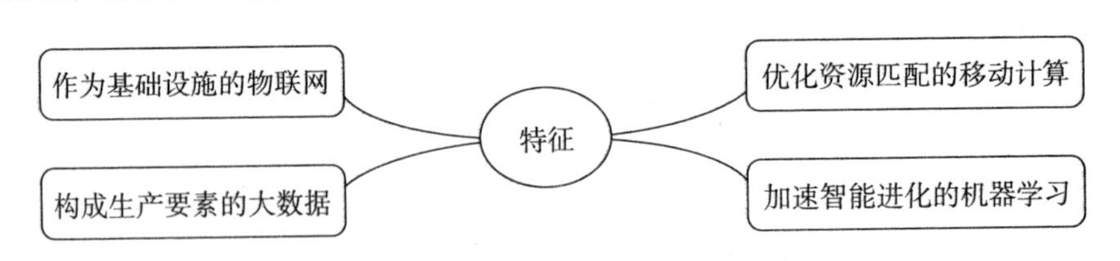

图1–1　智能媒体的基本特征

① 李鹏．打造智媒体，实现媒体自我革命[J]. 传媒，2018（21）:22-23.

（一）作为基础设施的物联网

第一，物联网的力量在于其广泛的连接能力。这是一种可以将各种不同的实体如设备、系统以及服务进行链接的技术，它构建了一个复杂度极高的网络体系。在这个体系中，人与设备、设备与设备之间的互动方式得以彻底改变，交互效率大大提升。这种连接能力带来了巨大的影响。首先，物联网技术给人们与设备的交互方式带来的改变尤其值得关注。在物联网的网络体系中，人们可以直接通过网络与设备进行互动，这种互动既可以是单向的，也可以是双向的。人们可以通过网络发送指令给设备，设备可以根据这些指令执行任务；反过来，设备也可以通过网络向人们提供反馈，人们可以根据这些反馈调整指令。这种互动方式既方便快捷，又可以大大提高设备的使用效率。其次，物联网技术使设备之间的交互方式也发生显著改变。在传统的设备网络中，设备之间的交互通常需要通过人的介入才能完成。然而，在物联网的网络体系中，通过传感器、智能设备以及网络、设备之间可以直接进行交互。这种交互方式使得设备能够自动化地收集和分析数据，以此来改善设备的性能和提高设备的使用效率。这种自我优化的能力是物联网技术的一大特点，它能够使设备更加智能化，更加适应用户的需求。最后，物联网技术能大大提高数据的获取和使用效率。通过自动化的数据收集和传输，物联网技术能够实现大规模的数据分析和处理。这种能力对于各行业的创新发展具有重要的推动作用。例如，在制造业中，物联网技术可以通过实时监测设备的工作状态和性能，帮助企业更好地理解和优化生产过程；在医疗领域，物联网技术可以通过收集和分析患者的健康数据，帮助医生作出更准确地诊断和治疗决策。

第二，物联网还具有高度的智能化特性。利用人工智能技术，物联网能够赋予设备自我学习、自我判断和自我决策的能力。这些设备不再是被动的工具，而是可以积极参与和响应环境变化的智能实体。以智能冰箱为例，通过物联网，它可以实时获得食品的存储状态信息。这些信息不再仅仅是冰箱温度或门的开关状态，还包括食品的种类、数量、保存时间等。这种信息获取能力，使得智能冰箱可以了解其内部的食品存储情况，以此来提供更好的保鲜效果。实际上，物联网带来的不仅仅是设备的信息获取能力的提升，更重要的是设备的智能化决策能力的提升。通过人工智能技术，智能冰箱可以利用获取的食品存储信息来作出判断和决策。它可以根据食品的种类和保存时间来预测食品的保质期，以此来提示用户食品的消费情况；它甚至可以根据用户的消费习惯和食品的存储状况来预测用户的食品购买需求，并自动为用户购买食品。在这个过程中，智能冰箱实现了从信息获取到信息处理，再到决策执行的整个过程的自我管理。这种自我管理能力不仅大大提高了设备的使用效率，而且大大提升了设备的使用体验。用户不再需要亲自管理冰箱的食品存储情况，而是可以通过智能冰箱自动获得食品的消费提示和购买服务。此外，物联网的智能化特性还有助于设备的性能优化。设备可以根据实时的工作状态和环境变化调整自己的工作模式，以此来实现设备性能的最优化。例如，智能空调可以根据室内的温度和湿度调整自己的工作模式，以此来提供更舒适的室内环境；智能洗衣机可以根据衣物的种类和污渍程度调整自己的洗涤程序，以此来实现更高效的洗涤效果。

第三，物联网还具有广泛的应用领域。从生产制造到消费服务，从城市建设到农业发展，物联网都能发挥重要的作用。例如，在生产制造领域，物联网已经被广泛运用于智能制造。在这一过程中，各种设备之间的相互连接使得生产流程的自动化和智能化成为可能。设备可以在物联网环境下共享信息、协调工作，由此优化生产流程，提升生产效率，也能够提高产品的质量和一致性。物联网技术的运用，使得生产过程中的故障预防和维护管理更加准确，更加及时，极大地降低了生产成本，提高了产出效益。在城市建设领域，物联网也发挥了其独特的作用。智能城市的建设需要对城市的各种设备和系统进行连接和集成，物联网技术在其中起到了至关重要的作用。从交通管理到环境监测，从能源管理到公共服务，物联网都能够为城市提供智能化的管理和服务。通过物联

网技术，城市可以实时获取和处理各种设备和系统的工作状态信息，以此来实时调整和优化城市管理和服务的策略，提高城市运作的效率，提升市民的生活质量。

（二）构成生产要素的大数据

在这个信息化的时代，大数据成为一种重要的生产要素，而智能媒体正是在这种环境下应运而生。大数据的属性如海量性、快速性、多样性以及低价值密度，既给智能媒体带来了挑战，也为其创新和发展提供了无限可能。

从大数据的海量性来看，网络平台如社交媒体、电子邮件、购物网站、视频流媒体等，不断地产生数据，这种现象正是大数据环境下的一个主要特征。智能媒体可以从这些源源不断的数据中获取相关信息，进而产生内容和进行传播。这无疑使得智能媒体在信息获取和处理上拥有比传统媒体更大的优势，可以获取到更全面和丰富的信息，产生更具有针对性和吸引力的内容。但这种海量的数据也带来了挑战。在如此众多的数据中，寻找到对用户有价值的信息并非易事。智能媒体需要通过技术手段对数据进行有效的筛选和处理，以保证信息的质量和价值。这种挑战就像在海量的沙粒中寻找稀有的金粒，不仅需要智能媒体具备强大的数据处理和分析能力，也需要它能够准确理解和预测用户的需求和兴趣，只有这样才能找到那些对用户有价值的信息。海量数据的存在还对智能媒体的技术和方法提出了更高的要求。例如，需要有高效的数据处理和存储能力，才能在短时间内处理和存储大量的数据；需要有精准的数据分析和挖掘技术，才能从大量的数据中找出有价值的信息；需要有强大的数据保护和安全措施，才能保证数据的安全和隐私性。因此，智能媒体需要在技术和方法的研发和优化上持续投入，才能更好地应对大数据环境下的挑战。

从大数据的快速性来看，信息在互联网上流转的速度极快，几乎是瞬息万变。对于智能媒体来说，这就意味着需要具备快速处理和应对大量信息的能力。如今，信息传播的效率已经变得至关重要，因为只有迅速响应，及时提供相关信息，才能在信息洪流中脱颖而出。在这种环境下，智能媒体需要具备高效的数据处理和分析能力。为了确保信息的实时性和准确性，智能媒体既需要高速的数据处理系统，又需要高效的数据分析算法和模型，这样才能在最短的时间内从大量的数据中提取出有价值的信息，为用户提供实时、准确的内容。而且，大数据的快速性还使得信息的时效性变得更加重要。在互联网的世界里，信息的生命周期变得越来越短，如果不能及时捕捉并利用信息，那么信息就可能迅速失去价值。这就需要智能媒体具备敏锐的信息捕捉能力和快速的信息处理能力，如此才能确保信息的及时性和价值。在信息快速流动的环境下，如何在短时间内从大量的信息中筛选出有价值的内容，如何有效地管理和利用这些内容，都是智能媒体需要解决的问题。这需要强大的数据处理和分析技术，也需要有效的信息管理和利用策略。

从大数据的多样性来看，在互联网上，信息的形式多种多样，包括但不限于文本、图片、音频和视频。这种多样性为智能媒体的表达提供了广阔的空间，使其有能力以更具吸引力和感染力的方式传递信息，从而提升信息的传播效果和用户体验。这种多样性也给智能媒体带来了挑战。由于数据的形式多样，需要处理和分析的数据类型也就十分丰富，从基础的文本数据，到复杂的图片和视频数据，再到实时的音频数据等。不同数据类型的处理和分析需要采用不同的技术和方法，例如，文本数据需要使用自然语言处理技术，图片和视频数据需要使用图像处理和计算机视觉技术，音频数据则需要语音识别和语音合成技术。这无疑对智能媒体的技术和处理能力提出了更高的要求。另外，大数据的多样性也意味着数据的复杂性。不同的数据类型可能需要不同的存储、处理和分析方式，这对数据的管理和利用提出了更大的挑战。例如，如何对多种类型的数据进行有效的整合，如何在保证数据质量的同时实现数据的高效处理和分析，如何从多种类型的数据中提取出有价值的信息，都是智能媒体需要面对的问题。

从大数据的低价值密度来看，在海量的数据中，真正具有价值、有用的信息其实只占一小部分。这不仅对智能媒体提出了更高的数据处理和分析能力要求，也对智能媒体的运营策略产生了影响。由于数据中的有用信息相对较少，这就需要智能媒体具备高效、准确的数据筛选能力，能够快速而准确地从大量数据中识别出对目标用户有价值的信息。这可能需要利用人工智能、机器学习等先进技术，通过建立和训练模型，对大数据进行深度分析，实现有效信息的提取。由于信息的价值密度较低，智能媒体也需要具备持续获取新数据、更新数据的能力，以保持信息的新鲜度，给用户提供最新的有价值信息。这可能需要智能媒体具备与各类数据源进行有效接入、数据获取和更新的能力，甚至可能需要构建自有的数据收集和更新系统。数据的低价值密度也强调了智能媒体需要具备用户导向的服务理念，因为不同的用户对信息的需求和价值判断可能不同，因此，智能媒体需要深入理解用户需求，提供个性化的信息服务，这样才能提高信息的价值密度，增加用户的满意度和黏性。

（三）优化资源匹配的移动计算

移动计算作为一种通过无线通信进行数据访问和处理的技术，是智能媒体重要的支持技术之一。它提供了移动媒体数据的访问和传输手段，还可以利用云计算等技术进行数据处理，实现信息的实时更新和传播，为用户提供便利的移动服务。

在资源匹配的优化方面，移动计算可以根据用户的位置、兴趣、行为等信息，进行个性化的资源匹配和推荐，提高资源的使用效率。例如，移动计算可以根据用户的位置信息，推荐附近的餐厅、商店等资源，为用户提供便利。移动计算还可以根据用户的兴趣和行为，推荐相关的新闻、视频等信息，提高用户的满意度。移动计算的实时性也为资源匹配提供了可能。通过移动设备，用户可以随时随地访问和使用各种信息和服务，而移动计算则可以根据用户的实时需求，进行资源的匹配和调度。例如，移动计算可以实时监测用户的数据使用情况，根据数据使用情况进行网络资源的调度，优化用户的网络使用体验。移动计算的灵活性也为资源匹配提供了便利。移动计算可以在不同的设备、平台上运行，能够满足用户在不同场景下的使用需求。这就需要移动计算具备强大的资源调度和管理能力，能够根据不同的设备、网络、应用等条件，进行有效的资源匹配，保证服务的稳定性和效率。

（四）加速智能进化的机器学习

机器学习作为人工智能的一个关键技术，正在对智能媒体产生深远影响。机器学习能够让智能媒体从大量数据中学习并提取出规律和模式，帮助智能媒体实现自我学习和自我优化，加速了智能媒体的进化。以内容推荐为例，智能媒体可以使用机器学习技术来分析用户的浏览历史、阅读偏好、社交网络等信息，从而了解用户的兴趣和需求。通过学习和理解这些数据，智能媒体能够更准确地预测用户的行为，为用户提供更为精准的个性化内容推荐，提高用户的满意度和留存率。

新闻报道的自动生成是智能媒体技术应用的一个典型例子。例如，智能新闻写作机器人可以通过学习大量的新闻报道，理解新闻写作的风格和模式，然后在获得新的信息输入（如比赛结果、股市变动等）后，根据已学习的模式生成新的新闻报道。这种方式大大提高了新闻生成的效率，也将新闻报道更快地传递给公众。还有诸如写作助手、自动摘要生成、情感分析等其他应用场景，也是智能媒体技术发挥作用的地方。例如，写作助手可以帮助用户修改文本的语法和改变风格，提高写作质量；自动摘要生成可以从长篇文章中提取关键信息，帮助读者快速获取主要内容；情感分析则可以通过分析文本中的情感色彩，帮助企业理解消费者的情感倾向，以便作出更好的商业决策。

机器学习的能力在数据分析中表现得尤为突出，它能够为智能媒体提供更深层次、更具有洞察力的信息。这些信息不局限于用户的浏览习惯、搜索历史、点击行为，还包括用户在社交网络上的互动行为，如喜欢、分享、评论等。通过深入分析这些数据，智能媒体可以更好地了解

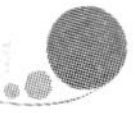

用户的喜好、习惯和需求，从而为用户提供更加个性化的内容和服务。通过对市场数据的深度学习和分析，智能媒体也能够发现市场的发展规律和趋势，对市场变化有更好的预见性。例如，通过对过去的广告投放数据进行分析，智能媒体可以预测某种广告内容在未来的表现，从而在策划和投放广告时作出更有利的决策。

第二节　媒介融合的必然产物——智能媒体

在媒体传播历史长河中，人类社会见证了从口头传播到文字传播、从印刷传播到广播传播的各种重要转变。在当前的“互联网 +”时代，媒介融合产生了全新的智能传播范式。可以说，“互联网 +”催生了媒介融合发展的新动力，并向着超级物联网的方向延伸，以期将全球网络中的所有个体与事物连接。物联网正在通过其强大的活力、渗透力和扩散力深深改变着媒体产业的生产、传播、消费方式，以及产品形态、商业模式和产业生态。

物联网颠覆了传统媒体单向传播的线性模式，也大大扩充了互联网、移动互联网等新媒体的互动传播场域，从而推动媒介融合进入快速发展的轨道。网络媒体的快速崛起冲击了传统的出版、广播、影视和娱乐产业，因此，早期对媒介融合的讨论主要关注的是传统媒体如何与新兴的互联网和移动互联网媒体实现融合。事实上，经历了 20 多年的数字化、网络化和产业化发展，无论是传统媒体还是新兴媒体，其基础设备、关键技术、内容形式、组织流程和互动方式都已经基本实现了数字化和网络化。例如，读者可以通过各种电子设备阅读《纽约时报》和《人民日报》的文章，各大电视媒体也都在三网融合时代布局了 IPTV 互动电视、网络电视台或移动客户端。而有些互联网企业则构建了包含电视、计算机、电影和手机等在内的全屏生态圈。因此，不论是传统媒体还是新兴媒体，它们在媒体形式和内容传播等方面都已经实现了融合，其技术特征集中表现为数字化和网络化，所以传统媒体和新兴媒体的界定标准已经没有了实质的意义。

媒介融合的演进并没有因为媒介产业内部系统的融合而到达终点，相反，这只标志着更深层次的媒介融合阶段初露端倪。这个更深层次的阶段就是“互联网 +”和物联网技术体系推动下的媒介跨界融合与智能传播时代。根据演化经济学的观点，每次历史上的经济巨变都是由新的普适科技体系带来的，包括信息传播技术。此观点在技术经济范式转换理论中得到体现。现代思想家杰里米・里夫金（Jeremy Rifkin）也持有相似观点，他认为每一次工业革命都配备有相应的“通信 / 能源矩阵”，这构成了经济发展的基础设施。他表示：“纵观历史，大规模经济转型都出现在人类发现新能源并建立新兴通信媒介之时。能源和通信媒体的融合建立了重组时空动态性的矩阵，从而使更多的人走到一起，在复杂的、相互关联的社会组织中凝聚在一起。附属的科技平台不但成为基础设施，也决定了组织运营经济的方式。”[①] 这表明，媒介产业不仅是一个产业领域，更重要的是，它是整个产业经济基础设施的重要组成部分，如果没有媒介传播，我们就无法有效地管理整个经济活动。

媒介融合的深化过程代表着信息传播功能正在以空前的深度和广度渗透到社会和经济的各个领域，从而塑造出了一种媒介无处不在或者媒介泛化的趋势。“互联网 +”打破了媒体行业内部以及媒体行业与其他行业之间的传统边界，加快了跨领域融合创新的步伐。物联网建立了一个每个人都参与、所有事物都互联的信息传播体系，实现了信息的民主化生产和全球化传播。这是一个点对点的、分布式的、不可分割的全球性信息网络，在本质上，所有参与其中的机构、个人、物体、事件和过程

① 里夫金．零边际成本社会[M]．赛迪研究院专家组，译．北京：中信出版社，2014：22.

都会成为信息的生产者、传播者和消费者。这些参与者具备了媒介的基本特征和功能，变成了一种新式的自媒体，与传统的媒介类型不同。比如，企业的应用程序可以被视为一种媒介，网红的微信订阅号可以被视为一种媒介，智能家电也可以被视为一种媒介。这些新的信息传播技术融入新经济的通用技术和基础设施中，推动着技术经济范式的转变，并预示着媒介传播权力将从少数人转向大多数人，实现传播的民主化。

随着数万亿的网络节点在物联网中产生大量数据，对于经济发展基础设施——物联网来说，强大的信息和数据处理能力成为必需。这种能力超越了传统的大众传媒机构或政府部门的处理能力，甚至超过了如谷歌、Facebook、腾讯和阿里巴巴等互联网巨头的处理能力。这种超级智能的实现需要依靠群体智能的协同工作，包括智能网络连接和智能终端设备两大主体。从宏观角度看，物联网本质上是一个庞大的超级智能网络媒体；从微观角度看，每一个接入物联网的节点都是具有感知和计算能力的智能媒体终端。预计在未来的20年内，将有百万亿数量级的物体作为智能媒体节点接入物联网，成为超级智能网络媒体的协同参与者。媒介融合的初级阶段体现为数字化和网络化，其高级阶段则为泛在化和智能化。计算机学界将这种媒介融合高级阶段称为物联网化。随着计算能力的指数级增长和计算成本的指数级降低，为日常生活中的物体赋予智能媒体属性的动力将变得更强大，而就在不久之前，这些物体既没有媒体属性也不具备智能能力。随着这些物体变得越来越智能，越来越了解其用户，即使没有人工干预，它们也会更频繁地互联互通。在不远的将来，流量的主要来源将是物体，而不是人类。到那个时候，我们将全面进入智能媒体传播的新时代。

我们的传播媒介正在经历从传统形式到数字化，再到智能化的演变过程。信息革命的巨大浪潮连续涌动，一系列关键技术正在被广泛运用于媒体领域和各种产业经济部门。信息技术（Information Technology）的巨大冲击已经颠覆了媒体工作者对传统媒介信息和载体的理解，与此同时，现在火热的信息技术革新正在根本性地改变媒体工作者的认知方式、思考模式和行为方式。在持续的技术革新下，现在新的智能媒体与传统的媒体已经不属于同一种类，就像智能手机与传统按键手机的区别一样。新的智能媒体与传统媒体之间的差别是质的变化，而不仅仅是数量的增减。实际上，即使是那些今天仍被公众视为传统媒体的机构或形式，经过 2000 年前后的数字化进程和 2010 年前后的网络化进程，它们现在已经在很大程度上进化到了一个更高的阶段。当然，无论是新媒体还是传统媒体，它们的进化都是永不停歇的，除非技术更新停止。但这样的假设本身就不现实，除非人类社会遭遇世界末日。

实际上，每一次的技术快速演进都给全球的传播产业带来了显著的效益，从广播电视技术到互联网技术，再到现在的物联网技术；从虚拟现实技术到人工智能技术，最后到个性化算法技术，越来越多的用户接入网络并被赋予新的可能性。用户能够在任何时刻、任何地点、任何情境下利用手头的智能硬件进行更加个性化和便利化的内容创作和消费，导致数据量的爆发性增长。对于仍在进化的智能媒体而言，传感设备、人工智能、人机交互等只是其外部形态，而数据挖掘、深度学习、算法迭代才是其本质和前景。互联网、移动互联网、车联网、物联网仅仅是网络社会演进的某个阶段或过程，而不是最后的状态或成果。同理，数字媒体、智能媒体或者未来的其他媒体形态，也并非技术进化的最终目标。从这个视角来看，所谓的传统媒体已经不再仅仅是指报纸、杂志、广播、电视这四大媒体，一度光芒四射的门户网站、博客论坛甚至视频网站在现今的智能媒体前也已显得相当传统，甚至是保守。当然，传统媒体、数字媒体、智能媒体乃至超级智能网络媒体将在一定程度上共存，但旧的世界观、媒介形式和思维模式再也无法成为媒介生态的主流或主导力量，尽管我们可能仍然对传统媒体乃至数字媒体的思维和行为方式产生强烈的路径依赖。

任何一种曾经在过去的世界占主导位置的观念和理论，都可能在开辟新时代的道路上起到阻碍的作用，它们可能会压制甚至反对新的技术、新的媒介、新的思想和新的业态，因为成功的媒体形式、媒体组织或者

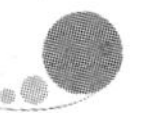

媒体产品，就像成功的经验和体制一样，都会有强烈的复制和扩张自我能力的冲动，直到整个组织或整个社会被束缚在一个早已僵化但过去非常成功的认知和思维模式之内。信息技术、传播技术和媒体技术的本质在很大程度上与体制的本质是相通的，它们由于自身强烈的路径依赖性，会将媒体从业者的思维和能力限制在现有的路径之中，轻则使其失去自我变革的动力，重则导致其被时代的洪流所淘汰。对于历史悠久的四大传统媒体而言，正因为它们的历史悠久、经验丰富、影响力广泛，所以在转型和发展过程中，它们面临着许多难以割舍的困扰。毋庸置疑，传统媒体积累的经验是宝贵且值得延续的，我们不能舍弃这些财富，但我们也必须对其进行改造、优化、丰富与完善，以新的技术和新的思维来推动其前进。

然而，不论个体、集团企业或社会是否仍旧被传统的路径依赖所束缚，技术进化的步伐都不会因此而停滞。大数据技术的本质性突破，人工智能技术在各领域的广泛应用，以及机器学习技术在个性化算法上的持续优化，使得当前的媒体生态变迁除表现为信息爆炸、数据爆炸、知识爆炸、舆论爆炸或内容爆炸外，更表现为技术驱动下的媒体创新爆炸、媒体产品翻新、媒体生态重塑以及媒体产业迁移。在更深刻的层面上，我们正在步入一个媒体技术、媒体产品和媒体思维不断革新、重构和突变的新的媒介生态周期。它的存在法则和消亡密码与传统媒体完全不同；它的发展路径不是线性的，而是非连续性的；它的拓展不是点状的，而是网络式的。这给众多的从业者和研究者带来了一种无法名状的兴奋和焦虑，因为我们从未如此近距离地面对未知的世界，这种体验既令人激动，又让人满怀惶恐。

随着移动设备成为人们接触互联网的主要途径，人机交互、机器间的交互以及更加智能化的媒体场景将会变得越来越常见。以数据、算法、物联网和深度学习逻辑为基础的智能媒体生态正在快速构建之中。

技术、媒介、信息、体验以及智能，这些概念我们都非常熟悉，但又感觉陌生。之所以熟悉，是因为我们的生活中充满了它们的身影；然而又觉得陌生，是由于我们并不清楚如何精确地定义智能媒体，如何解读技术创新带来的革命性影响，以及如何构建一套完整的理论来解释信息技术、媒介和智能的遗传和变异进程。我们明确地认识到这种进化已经导致旧的模式无法挽回地崩溃，但我们却不确定新的模式是否正在被确立。当前正在进行的智能媒体的实践以及在学术领域中正在探索的计算传播学的子领域是否能为我们提供一个新的、有助于我们理解整个媒体生态的逻辑框架，这仍需时间来验证。然而，有一点是无可争议的，那就是技术的精神以人类的发明活动作为媒介，已经成功地改变并构建了社会。

一个特别引人注目的现象是，目前的信息技术革命以人工智能为核心，并且与生物技术革命的进程重叠在一起。著名学者尤瓦尔·赫拉利（Yuval Harari）在其广受欢迎的《今日简史》一书中明确阐述了这一点，他指出："信息技术和生物技术的双重革命不仅可能改变经济和社会，更可能改变人类的身体和思想。通过生物技术和信息技术的革命，我们将会有能力控制自己的内在世界，也能设计和制造生命。我们将能学会如何设计大脑、延长生命，也能选择消灭哪些想法，但没有人知道后果会如何。人类发明工具的时候很聪明，但使用工具的时候就没那么聪明了。"事实上，无论是人工智能还是生物技术革命，其本质都是人类对信息、技术、生命本质的理念革新。人工智能技术使我们更好地改变外部世界，而生物技术则使我们更好地改变大脑、心理甚至基因。这两者叠加形成的双重革命在媒体领域的交汇将更直接、更深刻地影响未来的智能媒体生态，使得信息的生产和传播更加符合人类的生理和心理需求，也更能适应外部环境和场景的变化。

今天，技术正在以全新的广度和深度构建智能媒体的生态圈，它增大了信息和数据传输的密度，提高了感知和认知的深度，拓宽了连接和影响的范围，加快了计算和融合的速度，提高了互动和更新的频率。所有这些都与能够连接、驱动、赋能、重构万物的智能技术密不可分。因此，智能媒体时代的时间空间转换和记忆保留变得更快更短，这将导致

媒体思维和媒体产品在主流化过程中，还未完全形成僵化的路径依赖模式就发生了彻底的变异、升维或种类转换，从而使得传媒产业的特性、形态和规律与以往完全不同。

毫无疑问，当下这个智能媒体的时代，对所有的媒体专业人士和研究者而言，未必是最理想或者最糟糕的时刻，但可以肯定地说，这是一个最新的时代。我们都站在一个时代与另一个时代、一个生态与另一个生态的分界线上。在这个分界线上，诸如年龄、地理、财富或教育等常见的衡量标准变得不再重要，新技术赋予了那些看似没有资源的创新者更大的可能性，也可能使那些依旧附着于旧观念和旧逻辑的人在一夜之间无所适从。回顾21世纪初至今20多年间的媒介生态变迁，我们经历了网络连接和数据赋能作为核心驱动力的两个阶段，而现在，智能算法正接替数据赋能成为新的媒介演化引擎。这个转变并不像驾车时简单地换挡那样，换挡只会产生线性的加速，但引擎切换会带来指数级的加速。实际上，经过半个多世纪的不断演进和积累，人工智能技术正处在一个质变的前夜。无论是传统媒体还是数字媒体，如果不能紧随这一轮技术革新的潮流，都可能受到新媒体物种带来的冲击和威胁。

可以说，几乎所有的媒体和从业者都已经意识到了这个问题。人工智能技术正在与媒体生产传播的各个环节发生越来越深入的交互，这种影响将在不远的未来向着前所未有的广度和深度扩展，可能会使媒体内容的生产消费逻辑和技术框架产生根本性的改变，进一步导致整个传媒行业和生态的重塑。

第三节　智能媒体重构媒介产业

一、万物皆媒

在智能媒体的背景下，媒介的定义已经超越了传统的新闻传播渠道或平台，进一步拓宽至“万物皆媒”的境地。这种观念的转变是由技术演进、人类行为的改变和新的社会经济环境共同推动的。

首先，技术演进带来了信息传播媒介的多样性。随着互联网的普及，以及移动设备、物联网、智能设备等技术的快速发展，传统的媒介已经无法满足人们获取信息和交流的需求。取而代之的是，任何可以传输、存储、处理信息的设备和平台，都可能成为新的媒介。例如，智能手机、社交网络、虚拟现实设备等，都已经成为重要的信息传播工具。

其次，人类行为的改变也正在推动着媒介的多元化。人们越来越习惯于通过多种渠道获取信息和进行交流，而这种行为模式又进一步推动了媒介的多元化。例如，人们不再只是通过电视或报纸获取新闻，而是通过社交网络、新闻应用等多种方式获取信息。

最后，新的社会经济环境也在促进媒介的多元化。随着全球化、网络化的发展，信息传播的需求也日益增长，人们对信息的需求也变得更加个性化，这都需要新的媒介来满足。例如，个性化新闻推送、基于用户兴趣的内容推荐等，都需要通过新的媒介来实现。

因此，在智能媒体的时代，媒介已经不再局限于传统的新闻传播渠道或平台，而是变得多元化、个性化，形成了“万物皆媒”的态势。在这种情况下，任何一个有能力传输、存储、处理信息的设备或平台，都可能成为新的媒介，这对信息的生产、传播和消费产生了深远影响，也对媒介产业提出了新的挑战，包括如何适应这种新的媒介环境，如何利

用新的媒介提供更好的信息服务，如何在新的媒介环境下保护用户的信息安全等。这些都将是未来媒介产业面临的重要问题。

二、丰裕又稀缺的注意力

泛媒介化不仅意味着媒介的无处不在，还对应着人们对媒介内容生产能力和消费需求的无止境提升，这与物联网、大数据、云计算、人工智能等技术创新紧密相连。得到广泛运用的这些技术和机器人劳动力成本的大幅度下降正在将亿万人类劳动，包括体力劳动及大部分乏味、重复的脑力劳动，从农业、制造业、服务业、娱乐业等领域释放出来。在超市购物时，自助结账设备能扫描用户手机的二维码迅速完成支付；在国际交流的场合，智能语音软件正在取代人工翻译的角色；在传媒产业，由机器产生的新闻受到越来越多人的关注。在这个超级智能的物联网世界，智能设备的管理逐步取代了人力资源管理，人类及其注意力则被从种种繁复的劳动中被释放出来。作为注意力经济的一个典型代表，媒介产业的用户消费也意味着用户注意力的收集与消耗。随着越来越多的注意力从劳动中被释放出来，这些注意力开始寻找新的支撑点，进而转向媒介内容的消费。无处不在的智能媒体节点充当收集用户碎片化注意力的角色，在各个场所和移动途中，智能手机已经不再只是身体的延伸，反倒更像身体的一个必需部分。人们的眼睛时刻寻找超级智能媒体系统传播的最新信息，注意力对媒介内容的消费需求从早到晚都在持续，而在过去，只有在忙碌一天后才有时间看报、看电视。

在这个超级智能的泛媒介化世界中，人们愿意将自己看作参与者，不甘心只是内容产品的消费者。因此，从无尽的乏味劳动中解放出来后，人们开始利用方便易得的智能设备展开创新、创造、创作活动。自发性的媒介内容生产也是用户注意力转移的重要方向，这对他们来说，是生活兴趣而非劳动责任，是才华展示而非技能应用，是协同分享而非单调工作。由此可见，人工智能和物联网世界带来的是泛媒介化现象，更重要的是它们释放出的人类注意力，促进了泛媒介化的内容生产与消费的极大繁荣。尽管用户每天 24 小时的注意力资源已被全部释放出来，但相比无穷无尽的内容生产与消费，这些注意力资源仍然显得稀缺。超级智能媒体生态将在这种注意力的总体丰富与相对稀缺的矛盾中不断演变。

三、内容产消者

在智能媒体的大背景下，内容的生产者和消费者角色正在发生深刻的变化。在传统的媒体生态中，内容生产和消费是相对独立的两个环节，内容生产者（如新闻工作者、编辑、编剧等）负责创作内容，然后通过媒体平台分发，消费者则是接收并消费这些内容。而在智能媒体的生态中，这种独立性正在被打破，人们在消费内容的同时也参与到内容的生产中，形成了“内容产消者”的新角色。这种转变的出现，主要是由科技进步、互联网的普及和社交媒体的崛起所驱动。先进的技术设备如智能手机、平板电脑等，使得每个人都可以随时随地地创作和分享内容，如短视频、微博、照片等，而互联网的普及使得这些内容可以迅速地传播到世界各地，社交媒体的崛起则为内容的传播提供了平台和渠道。在这样的环境下，消费者的角色发生了重大的转变，他们不再只是被动地接收和消费内容，而是开始主动地参与到内容的生产中，并享受到创作内容的乐趣和满足感。

内容产消者的出现对传媒业产生了深远的影响。第一，它改变了内容的生产方式和流程。传统的内容生产模式中，专业的内容生产者通过集中的方式来创作和分发内容，而在新的模式下，内容的生产更加分散和去中心化，每个人都可以成为内容的生产者。这种变化使得内容的生产更加丰富和多样化，也提高了内容的生产效率。第二，内容产消者的出现改变了媒体的传播方式和路径。在传统的媒体环境中，媒体是内容的传播者和传递者，而在新的环境中，每个人都可以成为内容的传播者。

这种变化使得内容的传播更加广泛和快速，也使得信息的传播更加平等和公正。第三，内容产消者的出现也对媒体的商业模式产生了影响。传统的媒体商业模式主要依赖于广告和订阅收入，而在新的环境下，媒体可以通过用户生成的内容来吸引更多的用户，从而获得更多的广告收入，也可以通过提供更好的服务来吸引用户付费。

第二章　人工智能与媒体技术

第一节　人工智能概述

一、人工智能的概念

美国麻省理工学院教授帕特里克·温斯顿（Patrick Winston）对人工智能（Artificial Intelligence，AI）作出了定义："人工智能就是研究如何使计算机去做过去只有人才能做的智能工作。"[①]换句话说，人工智能技术研究如何让计算机像人类一样感知、理解、预测和处理问题。

美国斯坦福大学教授尼尔逊（Nilsson）则从处理的对象出发，认为"人工智能是关于知识的学科——怎样表示知识以及怎样获得知识并运用知识的科学"[②]。他认为计算机具有学习、使用和扩展知识的能力，人工智能通过研究人类智能活动的规律，构造具有一定智能的人工系统，应用计算机的软硬件来模拟人类某些智能行为的基本理论、方法和技术。

《辞海》对人工智能的定义是，研究、开发用于模拟、延伸和扩展人

---

① 王勋，凌云，费玉莲．人工智能原理及应用［M］. 海口：南海出版公司，2005：5-6.

② 周苏，张泳．人工智能导论［M］. 北京：机械工业出版社，2020：5.

的智能的理论、方法、技术及应用系统的技术科学，是计算机科学的一个分支，旨在了解智能的实质，并生产出新的能以与人类智能相似的方式作出反应的智能机器。研究领域包括智能机器人、语言识别、图像识别、自然语言处理、问题解决和演绎推理、学习和归纳过程、知识表征和专家系统等。

综上可得，人工智能是一门多学科交叉的领域，其研究涵盖了一系列科学与技术领域，包括但不限于数学、计算机科学、神经科学、经济学以及哲学。在实践应用中，人工智能的主要领域包括机器学习、模式识别、神经网络、复杂系统以及知识处理等方面。

人工智能系统的设计目标是使其具有感知、认知和执行等类人的能力。具体而言，人工智能通过模拟人类视觉、听觉和触觉等感知能力，对环境中的各种刺激进行准确地感知，如面部识别、语音识别以及触觉感知等。得到这些感知信息后，人工智能系统可以进行一系列的思考活动，这些活动往往类似于人类的思考方式。例如，人工智能可以完成理解、记忆、认知、判断、推理、证明、解决问题、设计、规划、决策和验证等任务。这种能力在专业指导系统、自动导航、自动驾驶以及智能检测等方面得到了广泛的应用。人工智能的实际产品，如无人机、智能机器人、水下探测器以及外星探测器等，展示了人工智能的强大执行能力。在许多情况下，这些产品可以在人类力量受限或无法直接操作的情况下，进行正确的决策并执行相应的任务，完成一些人类无法直接完成的工作。

二、人工智能的特征

人工智能主要有三大特征，如图 2-1 所示。

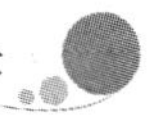

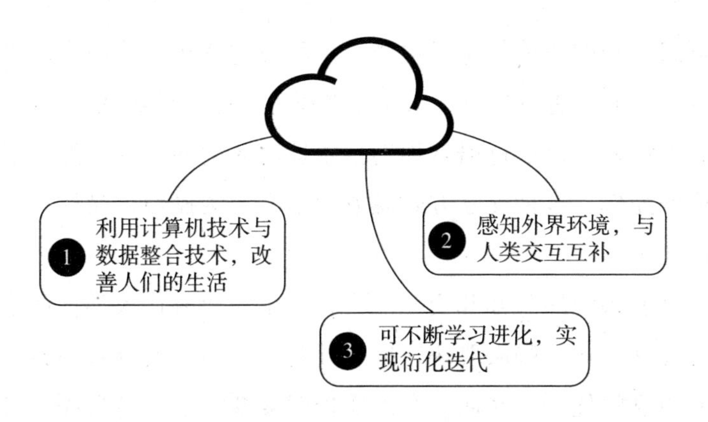

图 2-1 人工智能的特征

（一）利用计算机技术与数据整合技术，改善人们的生活

在这方面，计算机技术主要负责实现高速度和高效率的数据处理，而数据整合技术则负责把各种来源的数据有效地组织起来，为人工智能系统的决策提供精准的数据支持。具体来说，计算机技术能使人工智能系统在处理大量复杂任务，如深度学习、模式识别等时，保持高效且准确。由于计算机的强大计算能力，一些过去只能由人类完成的任务，如复杂的数学计算、图像和语音识别等，现在都可以由计算机快速准确地完成。

数据整合技术使得人工智能系统能够整理和理解各种来源的大量数据，形成有用的信息和知识。这对于诸如预测分析、个性化推荐等应用来说非常关键。通过整合来自多个渠道的数据，如购物历史、搜索记录、社交媒体互动等，人工智能系统能够更好地理解用户的需求和行为，从而作出更准确地预测和提供更个性化的服务。

（二）感知外界环境，与人类交互互补

人工智能通过采集和分析各种环境参数，如视觉图像、声音、温度、湿度等，从而实现对外界环境的感知。这种感知能力使得人工智能系统能够自我适应，以适应不同的环境和应对不同的情况。人工智能系统还

可以根据感知到的环境信息，预测未来环境的变化，从而为决策提供有力的支持。人工智能系统通过感知外界环境，还可以实现与人类的交互。例如，人工智能可以通过语音识别技术理解人类的指令，然后根据指令执行相应的操作。这种交互方式既方便了人类的操作，又提高了人工智能的工作效率。

人工智能系统的感知和交互能力，并不是要替代人类，而是为了与人类实现互补。在一些需要快速准确处理大量信息的场景中，人工智能系统具有明显的优势。然而，在需要理解复杂情境、进行深度思考或发挥创造性的场景中，人类的优势仍然无法替代。通过实现人工智能和人类的互补，人类可以从繁重的计算和决策任务中解脱出来，有更多的精力投入更具创造性的工作中。

（三）可不断学习进化，实现衍化迭代

学习和进化是人工智能系统衍化迭代的关键。许多人工智能系统，如深度学习网络，都利用大量的数据进行训练，从而改进自己的性能。这些系统不断地调整自己的参数，以便在将来的任务中做得更好。例如，一种自动驾驶系统可能会通过观察人类驾驶员的行为，学习如何在各种交通情况下驾驶车辆。这种学习过程不断进行，随着时间的推移，系统将变得越来越擅长驾驶。人工智能的衍化迭代并不是一个一蹴而就的过程。相反，它通常涉及在一段时间内不断地进行小的调整和优化。这种迭代过程使得人工智能系统能够逐渐改进其性能，使其能够处理更复杂的任务，或者在同样的任务中以更高的效率执行。这种优化过程是自动的，这意味着人工智能系统可以在没有人类干预的情况下进行改进。

人工智能的这一特性对于许多领域都具有深远的影响。在医疗领域，人工智能系统可以通过学习大量的医疗图像，逐渐提高对疾病的识别精度；在制造业，人工智能可以通过对生产过程的不断学习和优化，提高生产效率，降低制造成本。值得强调的是，人工智能的学习进化和衍化迭代，都需要依赖大量高质量的数据。数据是人工智能学习和进化的基

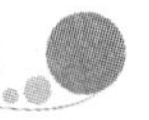

础，没有足够的数据，人工智能将无法充分发挥其能力。因此，如何获取和管理这些数据，将是未来人工智能研究的一个重要问题。

三、人工智能的社会意义

（一）改变行为方式

人工智能的应用已对人类的行为模式产生深远影响。在日常生活中，人工智能设备如智能手机、智能家居设备以及虚拟助手已成为生活的一部分，它们通过简化复杂任务、提供实时信息以及使生活更为便捷的方式，改变了人类的生活方式。在商业领域，数据驱动的决策支持系统和预测模型正在改变企业决策过程。例如，以算法驱动的投资策略正在重塑金融市场，商家通过客户数据分析进行精准营销。这些变化使得决策过程更加理性和精确。在教育领域，个性化学习已经变得可能，AI 教学平台可以根据每个学生的学习能力和习惯为其提供定制化的学习内容。这改变了教育的传统模式，让学习更加高效。人工智能也正在改变医疗健康领域的诊疗方式。从图像分析、基因组测序到疾病预测和个性化治疗，AI 在提高医疗服务质量和效率方面发挥着重要作用。

（二）改变社会结构

人工智能的发展和应用也在深层次上重塑着社会结构。它正在改变劳动力市场的结构。一方面，自动化和机器学习正在替代一些传统的、重复性的工作，可能导致某些岗位的减少；另一方面，新的工作岗位也在出现，如 AI 技术开发者、数据科学家等。这要求人们不断学习新的技能以适应劳动力市场的变化。如果 AI 技术的应用和收益主要集中在少数人手中，可能会加剧社会不平等。因此，如何在享受 AI 带来的利益的同时，减少其可能带来的社会分化，是需要关注的问题。大规模的个人数据收集和分析可能会侵犯个人隐私，而 AI 系统可能成为网络攻击的目标。因此，如何在利用 AI 的同时保护个人隐私和数据安全，是面临的重大挑战。

（三）推动经济发展

人工智能已经成为现代经济发展的强大驱动力。人工智能的应用，对经济的积极影响体现在各个层面。人工智能通过自动化和优化业务流程，提升企业生产效率，从而助推经济增长。基于机器学习和深度学习的算法能实现日常操作的自动化，无论是简单的数据录入，还是复杂的决策制定，人工智能都能进行更快、更准确地执行。这种提高生产效率的过程，促使各个行业都有了显著的产出增长。人工智能还促进了经济的数字化。人工智能技术使得数据的获取、存储、处理和分析变得更为高效。这种转变正在重塑全球经济的基础设施，让经济活动变得更为便捷，也创造出了新的商业模式和就业机会。

（四）推动企业发展

人工智能通过自动化和优化流程，提高了企业的运营效率。例如，供应链管理中的预测模型可以帮助企业更准确地预测需求，避免库存积压或缺货。人工智能还可以使一些重复性任务实现自动化，如客户服务中的常见问题回答，从而节省了大量的人力资源。人工智能的数据驱动决策使得企业能够作出更精确和有依据的决策。例如，人工智能能够通过分析历史销售数据，预测哪种产品或服务在未来可能会更受欢迎。这种数据驱动的决策对于避免决策失误以及提高企业竞争力具有重要意义。人工智能在产品和服务的创新中也发挥了关键作用。人工智能可以用于开发新的产品和服务，如基于语音识别的虚拟助手，或者用于疾病诊断的机器学习模型。这些产品和服务可以提供更高的价值，还可以帮助企业开辟新的市场。

（五）促进内容升级

人工智能在媒体和内容创作行业中的应用，正在大幅度地推动内容的升级与改变。在创作领域，人工智能可以通过大量用户数据进行模式识别，预测出用户喜欢的内容类型和偏好。人工智能还能辅助内容创作

人员制作出更具吸引力和互动性的作品，例如，通过自然语言处理技术，人工智能可以自动撰写新闻报告、小说等，大大提高了创作效率，也保证了内容质量的提升。在媒体行业，人工智能可以对海量信息进行智能筛选和分类，为用户提供更准确的推荐服务，提升用户体验。更进一步，人工智能可以根据用户行为和偏好动态调整内容的排列顺序和推荐策略，实现个性化推荐，满足不同用户的个性化需求。

人工智能通过大数据和深度学习的技术，使得内容生产和推荐更加智能化、个性化，大大提升了内容的价值，满足了社会和个人日益多样化和精细化的需求。人工智能也在不断创新和突破，未来将为内容升级提供更多可能性和更大空间。

第二节　人工智能与媒体技术的交叉

一、人工智能对媒体技术的改造

随着人工智能的出现与发展，其凭借强大的学习、分析和推理能力，给媒体技术带来了深远的影响，促使其不断向更智能、更便捷、更个性化的方向发展。

传统的新闻报道、电视直播和广播电台等媒体形式具有一定的局限性，存在制作周期长、人力成本高以及信息推送的标准化等问题。然而，随着人工智能技术的快速发展和应用，这些问题逐渐得到了解决。人工智能技术能够通过自然语言处理和机器学习等技术，自动采集和筛选信息。相较于传统的人工操作，人工智能可以通过网络爬虫和数据挖掘技术，快速从大量的信息源中提取关键信息，并进行自动分类和整理。这样，新闻报道的信息收集和整理过程大大加速，从而实现了新闻报道的快速响应。人工智能技术可以根据用户的个人喜好和行为习惯，为用户提供定制化的新闻内容。通过对用户的浏览历史、点击行为和偏好分析，人工智能能够准确地了解用户的兴趣和需求，从而为其推送相关的新闻内容。这样，用户可以更加方便地获取自己感兴趣的信息，提高了信息获取的效率和个性化程度。人工智能技术还可以通过自动化的方式进行新闻报道的编辑和发布。传统的新闻报道需要经过一系列的审查和编辑流程，消耗大量的人力和时间。而人工智能技术可以通过自动化的算法和系统，自动进行新闻内容的编辑和排版，从而减少了人力成本和时间消耗。这样，新闻报道可以更加高效地发布，快速传递给用户。

人工智能在媒体技术的产业化进程中，也发挥着重要的推动作用。以互联网为代表的新媒体平台，早已经不再满足于简单的信息传播功能，而是开始积极探索各种创新的商业模式。这种转变的关键驱动力之一，就是人工智能的参与。人工智能可以优化广告投放，提高广告的精准性和效果。通过对用户画像和行为数据的分析，人工智能能够为广告主提供更加精准的广告投放方案。例如，根据用户的兴趣和行为习惯，人工智能可以将广告推送给最有可能感兴趣的用户群体，提高广告的点击率和转化率。这不仅有利于广告主提高广告效果，也能够为媒体平台带来更多的广告收益。然而，人工智能在媒体技术的产业化进程中也面临一些挑战和考验，如数据隐私保护、算法公正性和透明性等问题。因此，媒体平台需要制定相应的政策和规范，确保人工智能技术的应用是合法、公正和可信的。

人工智能还在提升媒体技术的用户体验上发挥了不可替代的作用。在音乐领域，人工智能可以帮助媒体平台识别用户的音乐喜好。通过分析用户的听歌历史、喜欢的艺术家和音乐风格等信息，人工智能可以为用户推荐他们可能喜欢的新歌曲、专辑或音乐会。这种个性化的音乐推荐机制能够满足用户的个性化需求，让他们更容易发现和欣赏自己喜欢的音乐作品，提升了他们的音乐体验。在影视剧领域，人工智能可以根

据用户的观影历史和喜好，为他们推荐符合其口味的电影和电视剧。通过对用户的观影行为、评分和评论的分析，人工智能能够了解用户的偏好，为他们提供个性化的影视剧推荐。这样，用户可以更轻松地找到自己感兴趣的电影和电视剧，享受到更加精彩的娱乐体验。人工智能还可以通过分析用户的观看行为和互动反馈，为他们提供个性化的电视节目推荐。通过了解用户对不同类型节目的偏好和习惯，人工智能可以精准地为用户推荐符合其口味的节目。这样，用户可以更加方便地获取到自己喜欢的节目内容，提升了他们的观看体验。

二、媒体技术的人工智能化

面对日新月异的科技发展，媒体技术也开始寻求自身的转型升级，而其中最重要的一个方向便是人工智能化。这种转型体现在技术应用方面，更渗透到了整个媒体产业的运营管理和商业模式中。

（一）技术应用方面

媒体开始广泛采用人工智能技术进行内容创作、编辑和发布。例如，在内容创作方面，AI 技术的引入使得新闻报道、文章写作、影视剧本的生成等实现了自动化和智能化。自动写作系统可以利用自然语言处理技术和机器学习算法，根据预设的模板和数据进行文本生成，大大提高了内容生成的效率。AI 写作系统还能根据不同的读者群体和发布平台，调整生成内容的风格和语言，提高了内容的针对性。在内容编辑方面，传统的内容编辑主要依赖人工进行，这种方式既耗时又容易出错。而 AI 编辑系统则能够自动识别文本中的错误，并进行修正。更进一步，通过对大量的文本数据进行学习，AI 编辑系统还可以理解和应用语言的规则和习惯，进行语义和风格的编辑。在内容发布方面，智能推荐系统的应用使得信息的发布和传播更加精准和有效。通过对用户的浏览历史和兴趣偏好的分析，智能推荐系统可以为每个用户生成个性化的推荐列表。这种方式既提高了用户的信息获取效率，也优化了媒体内容的传播效果。

（二）运营管理方面

在运营管理方面，人工智能已经引领了媒体行业的革新，主要体现在对用户行为的深度洞察和预测两个层面。

在对用户行为的深度洞察层面，人工智能拥有强大的数据处理和分析能力，这使得媒体能够对用户行为进行细致的洞察。例如，通过收集用户在平台上的点击、浏览、评论、分享等行为数据，人工智能系统可以生成用户的详细画像。这些画像不仅包括用户的基本信息，如年龄、性别、地理位置等，还包括用户的兴趣偏好、消费习惯、情感态度等深层次信息。基于这些画像，媒体可以精准地为用户推送符合其需求和兴趣的内容，也可以对广告投放进行精细化管理，从而提高用户的满意度和媒体的运营效率。

预测用户未来的行为和需求是人工智能在媒体运营管理中的另一项重要功能。人工智能系统可以通过机器学习技术，对用户的历史行为数据进行学习，从而建立预测模型。这种模型可以预测用户未来可能的行为，如用户可能对什么类型的内容感兴趣，用户可能在什么时间段活跃，用户可能会产生什么样的消费行为等。这种预测能力使得媒体能够根据预测结果提前制定应对策略，如调整内容发布计划、优化广告投放策略等，从而实现对用户需求的主动满足，提高用户黏性和媒体的运营效益。

（三）商业模式方面

传统的媒体商业模式，如广告业务和内容销售业务，往往依赖于大规模的用户基础和相对固定的收费方式。然而，这些模式在信息爆炸的现代社会，面临着用户精细化、需求多元化和内容过剩等挑战。因此，媒体行业正在积极探索新的商业模式，以适应这些变化。

人工智能化的媒体技术，为媒体行业的商业模式创新提供了可能性。一方面，媒体可以通过人工智能技术，如数据挖掘和机器学习，为广告商和其他合作伙伴提供用户画像服务。这种服务可以帮助他们更精准地理解和定位用户，从而实现更有效的广告投放和更个性化的服务提供。

另一方面，媒体也可以通过人工智能技术，为用户提供智能推荐服务。这种服务可以根据用户的行为和兴趣，自动推荐最符合他们需求的信息内容，从而提升用户体验，增加用户黏性。媒体还可以利用人工智能技术进行数据销售。人工智能技术可以帮助媒体对收集到的大量用户数据进行分析和处理，从而生成有价值的数据产品，如市场趋势分析报告、用户消费行为研究报告等。这些数据产品既可以为媒体带来直接的收入，也可以为广告商、研究机构和政策制定者提供有用的信息。

三、人工智能与媒体技术的深度融合

人工智能与媒体技术的深度融合已经迅速改变了媒体产业的运营模式和用户体验。关键的几个影响领域如图 2-2 所示。

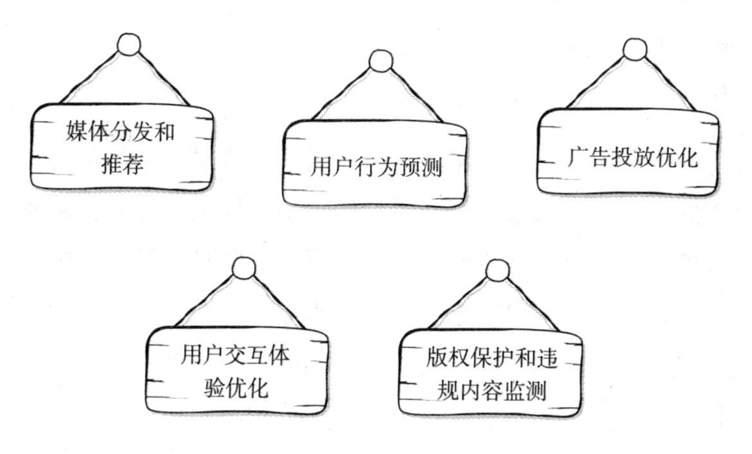

图 2-2　人工智能与媒体技术深度融合的关键影响领域

（一）媒体分发和推荐

深度融合的人工智能和媒体技术正在彻底改变媒体分发和推荐的方式。在传统的媒体模式中，媒体机构通常会按照统一的标准和方式分发内容，而现在，人工智能可以根据每个用户的行为和偏好，进行个性化的内容推荐和分发。为了实现这一目标，媒体平台通常会利用自然语言处理（NLP）技术和机器学习算法来分析和理解用户的行为数据。这些数据可能包括用户在平台上浏览、点击、分享、评论等行为，以及用户的位置、设备、时间等信息。通过这些数据，人工智能系统可以构建出一个复杂的用户画像，包括用户的兴趣、需求、行为模式等。

在这个基础上，人工智能系统可以进行深度学习，通过算法模型找出用户之间的相似性，以及用户行为和内容之间的关联性，然后将这些关联性应用到推荐系统中。这就意味着，当一个用户在浏览媒体内容时，推荐系统会考虑到用户的历史行为、兴趣偏好、时间、地点等多个因素，为其推荐最可能感兴趣的内容。这种推荐方式大大提高了用户的信息获取效率，提升了用户体验，也增强了媒体内容的针对性，有利于提升媒体平台的用户黏性和活跃度。

（二）用户行为预测

通过对大量用户行为数据的分析和挖掘，人工智能可以预测用户未来可能的行为和需求，为媒体运营决策提供依据。这种预测并非简单地将过去的行为推向未来，而是通过深度学习模型，发现隐藏在大数据中的复杂模式和规律。这些模式和规律可以帮助媒体机构更精准地理解用户，更有效地满足用户需求。例如，媒体可以通过用户行为预测，提前知道哪些内容会受到用户欢迎，从而提前进行内容生产和推广。媒体还可以预测用户的流失风险，提前进行用户挽留。更进一步，媒体还可以预测市场趋势，提前调整战略方向。此外，用户行为预测也是个性化推荐的重要基础。通过预测用户可能的兴趣变化，推荐系统可以在用户需求变化之前，就提前调整推荐策略，从而提升推荐的精准性和用户体验。

（三）广告投放优化

人工智能的引入，使得广告主可以根据个体用户的兴趣、习惯和消费能力进行广告的个性化推送，从而实现更高效的广告投放。人工智能

通过收集和分析用户行为数据，生成用户画像，然后利用机器学习和深度学习的方法，对用户的购物行为、消费倾向进行预测。例如，预测哪类产品的广告更可能引发用户的点击，哪类产品的广告更可能促使用户进行购买等。基于这些预测结果，广告系统可以实时调整广告的内容、形式和投放策略，以达到最佳的效果。这种个性化的广告投放方式，不仅可以提高广告的点击率和转化率，提升广告的投放效果，还可以提升用户的体验。这样，用户看到的广告将更贴近自身需求和兴趣，不再感觉广告是一种干扰，反而可能将广告视为一种有用的信息源。

（四）用户交互体验优化

对于任何一款媒体产品，用户体验都是至关重要的，一个好的用户体验除了可以提升用户的使用满意度，还可以提升用户的活跃度和留存率。借助人工智能技术，媒体机构可以深入理解每一个用户，然后在此基础上提供更加个性化、智能化的交互体验。例如，通过语音识别和自然语言处理技术，媒体产品可以实现语音交互，让用户在驾驶、做家务等无法用手操作手机的情况下，仍然可以方便地获取信息；通过机器视觉技术，媒体产品可以实现图像搜索，让用户可以通过拍照来搜索信息，而不再需要输入文字。

人工智能也可以实现对用户行为的实时监测和预测，然后根据用户的实际需求和行为，动态调整产品的交互设计。例如，当检测到用户在使用某个功能遇到困难时，系统可以主动提供帮助提示；当预测到用户可能对某个功能感兴趣时，系统可以主动推荐这个功能给用户。

（五）版权保护和违规内容监测

人工智能与媒体技术的深度融合，对版权保护和违规内容监测具有重要影响。在数字化和网络化的今天，内容的复制和传播变得越来越容易，这既给媒体带来了机遇，也为其带来了挑战。版权保护和违规内容监测成为媒体必须面临的重要问题。

人工智能技术，特别是机器学习和深度学习技术，在这方面具有巨大的应用潜力。一是人工智能可以通过图像识别、语音识别、自然语言处理等技术，自动检测和识别出媒体内容中可能存在的版权问题。例如，检测一个视频中是否包含了未经授权的音乐、图片或文字。这种自动化的检测方式，不仅可以大大提高版权保护的效率，也可以降低版权保护的成本。二是人工智能可以利用自然语言处理和情感分析技术，对用户生成的内容进行自动审核，实时发现和处理可能存在的违规内容。例如，对于可能含有暴力、色情、恶俗、侮辱等违规信息的内容，系统可以自动标识出来，并进行相应的处理。三是人工智能还可以利用深度学习技术，对大量的数据进行分析和学习，从而不断提升版权保护和违规内容监测的准确性。这种学习能力，使得人工智能可以应对各种复杂和变化的情况，如新的侵权方式、新的违规内容等。

值得注意的是，人工智能的这些应用，并不能完全替代人的判断。尽管人工智能可以实现大规模的自动化处理，但在一些复杂和敏感的情况下，仍然需要人类的参与和决策。例如，对于一些模糊地带的版权问题、对于一些涉及文化和价值观的违规内容问题，人的理解和判断是无法替代的。

四、人工智能推动的新型媒体形态

人工智能为媒体技术的发展注入了新的活力，催生出一系列新型媒体形态。这些新的形态从多个维度对传统媒体进行了突破性的革新，开启了媒体的全新篇章。

（一）智能新闻生产

智能新闻生产是基于自然语言处理和深度学习等人工智能技术的一种创新方式，它能够自动采集、处理、编写和发布新闻报道。相较于传统的新闻生产方式，智能新闻生产具有高效性和实时性。传统的新闻报道需要人工收集和整理信息，进行编辑和撰写，这一过程费时费力。而

智能新闻系统可以通过算法自动采集、处理和分析大量的数据和信息，快速生成新闻报道。它可以实时监测事件的发展和变化，快速反应并发布相关报道，满足用户对新闻信息的迅速获取需求。人工编辑在撰写新闻时可能会存在主观性和误差，而智能新闻系统基于深度学习和自然语言处理的技术，能够分析和处理大量的数据，并自动生成准确和一致的报道。它可以避免人为因素的影响，提高新闻报道的准确性和可靠性。

然而，智能新闻生产也面临一些挑战和问题。例如，如何保证智能系统生成的新闻报道的准确性和客观性，如何解决自动化生成的新闻内容中可能存在的偏见和误导等。这需要媒体机构和相关领域的专家共同努力，制定相应的标准和规范，确保智能新闻生产的质量和可信度。

（二）社交媒体的智能化

社交媒体的智能化是指人工智能技术在社交媒体平台上的应用，使其具备更多智能功能和服务。通过人工智能技术的支持，社交媒体平台可以实现以下方面的智能化。

第一，社交媒体平台可以利用自然语言处理和情感分析等技术，实现智能对话。通过对用户发布的文本内容进行语义理解和情感分析，社交媒体平台可以提供更智能化的回复和交互体验。它能够识别用户的情感倾向和意图，快速生成相关的回复，并帮助用户解决问题或提供相关建议。智能对话的应用提升了用户的参与感和满意度，也为社交媒体平台增加了更多的互动和提高了用户黏性。

第二，社交媒体平台可以利用图像识别和深度学习等技术，实现智能推荐。社交媒体平台通过分析用户的社交网络、浏览记录和兴趣爱好等数据，结合图像识别技术对用户发布的图片进行分析，可以为用户个性化推荐相关内容。智能推荐能够提供更符合用户兴趣和需求的信息与内容，丰富用户的浏览体验，提高用户的参与度和留存率。同时，智能推荐也为社交媒体平台带来了更多商业化的机会，如精准广告投放和商业合作。

第三，社交媒体平台还可以利用人脸识别和情感分析等技术，实现智能社交和情感交互。通过分析用户发布的照片和表情，社交媒体平台可以识别用户的情感状态和社交行为，提供相应的社交互动和建议。例如，根据用户的表情和情感，推荐适合的社交活动或联系人，增强用户的社交体验和满足感。

（三）虚拟现实和增强现实的广泛应用

虚拟现实（VR）和增强现实（AR）是人工智能技术在媒体领域的重要应用。这些技术通过模拟或增强人对真实世界的感知，为用户带来沉浸式的体验和互动。虚拟现实技术通过头戴式显示设备、手柄或全身追踪设备等，让用户身临其境地感受虚拟世界，而增强现实技术则通过智能手机、平板电脑或 AR 眼镜等设备，将虚拟内容叠加到现实世界中。

在媒体领域，虚拟现实和增强现实的应用带来了许多创新和改变，它们提供了全新的表现形式和传播方式。媒体可以利用虚拟现实技术创建沉浸式的虚拟环境，让用户亲身体验各种场景和情境，如游戏、电影、虚拟旅游等。增强现实技术则可以将虚拟内容与现实场景结合，创造出全新的交互和娱乐体验，如 AR 游戏、实时信息叠加等。这些新的表现形式和传播方式为媒体创作者提供了更广阔的创作空间，提高了观众吸引力。通过头部追踪、手势识别、语音控制等技术，用户可以与虚拟世界进行直接的沟通和互动，增强了参与感和身临其境的感觉。例如，用户可以通过手势来操作虚拟对象、与虚拟角色进行互动，或使用语音指令来控制虚拟环境。这种自然的交互方式使得用户能够更直观地参与到媒体内容的创作和体验中。虚拟现实和增强现实的应用也为媒体行业带来了商业化的机会。例如，虚拟现实和增强现实技术可以用于虚拟广告的展示和 AR 产品购物的体验，通过提供更具吸引力和个性化的广告形式，增加广告主和消费者的互动。虚拟现实和增强现实还可以应用于教育、培训、医疗等领域，提供更真实、直观的学习和治疗体验，促进相关行业的创新和发展。

第三节　人工智能推动媒体技术的可能性、挑战与策略

一、人工智能推动媒体技术进步的可能性

在当今时代背景下，人工智能推动媒体技术进步具有很大的可能性，主要表现为以下三点，如图 2–3 所示。

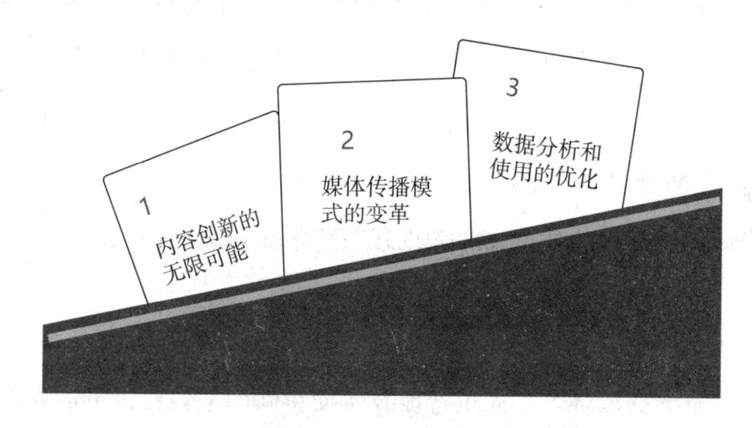

图 2–3　人工智能推动媒体技术进步的可能性

（一）内容创新的无限可能

当人工智能应用于媒体技术时，其推动内容创新的可能性近乎无限。人工智能的这种能力主要体现在两个方面：一是提供新的工具和平台，以实现更高效和高质量的内容创作；二是通过深度学习和其他先进的机器学习技术，人工智能可以理解、分析和预测用户的兴趣和行为，从而创建出更具吸引力和影响力的内容。

人工智能已经被应用于各种媒体内容的创作中，包括新闻报道、电影和电视节目、音乐、游戏等。例如，新闻机器人可以自动生成财经、体育、天气等类型的新闻报道，而人工智能写作助手则可以为作者提供创作灵感，提高其创作效率；在电影和电视制作中，人工智能可以帮助编剧和导演预测观众的反应，以优化剧本和镜头设计；在音乐和游戏领域，人工智能则可以根据用户的口味和情绪，创作出定制的作品，提供个性化的体验。

另外，人工智能的深度学习和数据分析能力，使得媒体机构能够更精准地理解用户，从而创作出更能引起共鸣的内容。通过收集和分析用户的浏览历史、搜索记录、社交媒体活动等数据，人工智能可以生成详细的用户画像，帮助媒体机构了解用户的喜好、需求、情绪等信息。基于这些信息，媒体机构可以创作出更符合用户口味的内容，提高自身的吸引力和影响力。

（二）媒体传播模式的变革

媒体传播模式的变革主要表现在信息的获取、处理、传递和反馈等环节。

1. 信息的获取

在信息的获取环节，人工智能技术使得新闻采集变得更加高效和全面。传统的新闻采集通常需要人力资源进行信息搜索和整理，而人工智能技术通过自动化的方式，能够从各种来源自动抓取大量的数据和信息，包括新闻网站、社交媒体、博客等。这样的自动化新闻采集系统能够快速、准确地收集并整理信息，为新闻报道提供丰富的原始素材。

2. 信息的处理

在信息的处理环节，人工智能技术的应用使得新闻内容的处理和编辑变得更加自动化和高效。其中，自然语言处理和文本分析等技术起到了重要的作用。自然语言处理技术能够帮助机器理解和处理人类语言，包括文字的语义、情感和主题等方面。通过自然语言处理技术，机器可以自动化地处理大量的新闻内容，进行关键词提取、实体识别、句法分

析等操作，从而帮助编辑和整理新闻稿件。另外，人工智能技术还可以通过分析大数据来挖掘热点话题和趋势，为新闻选题和报道提供指导。新闻机构可以通过机器学习和数据挖掘技术，对大量的新闻数据进行分析和建模，从中发现用户兴趣、社会热点、舆论倾向等信息，从而更好地把握新闻事件的关键点和发展趋势，为用户提供更准确、更有针对性的报道。

3. 信息的传递

在信息的传递环节，智能推荐系统的出现使得信息传播变得更加个性化和精准。通过人工智能技术的应用，系统可以根据用户的行为、兴趣和情境等多维度的数据，对海量的信息进行筛选和匹配，为用户提供定制化的内容推荐。智能推荐系统可以通过分析用户的浏览记录、点击行为、搜索习惯等，建立用户画像，了解用户的偏好和需求。基于这些信息，系统能够自动筛选大量的信息并进行排序，将与用户兴趣相关的内容优先推荐给用户。

4. 信息的反馈

在信息的反馈环节，人工智能通过分析用户的点击、分享、评论等行为，能够获得用户对信息的反应和评价。这种反馈对于媒体机构来说是非常宝贵的，可以帮助它们了解用户的喜好，优化内容的质量和推荐的准确性。

通过应用人工智能技术，媒体机构可以对用户行为进行数据分析，了解哪些内容受到用户的关注和喜爱，从而进一步优化自己的内容策略和产品设计。例如，根据用户的喜好，可以提供更多类似的内容，以增加用户的满意度和忠诚度。通过分析用户的反馈，媒体机构还可以了解用户对特定信息的态度和观点，从而调整自己的报道风格和立场。人工智能还可以帮助媒体机构实现对用户反馈的自动化处理。通过自然语言处理和情感分析等技术，系统能够自动识别和分类用户的评论和反馈，从中提取有价值的信息，并及时进行回应和处理。这样的自动化反馈系统能够提高反馈的处理效率，降低人力成本，也能够更好地满足用户的需求和期望。

（三）数据分析和使用的优化

1.媒体数据处理与分析能力得到显著提升

以往，数据的处理和分析主要依赖于人的经验和判断，不仅耗时耗力，而且难以处理大量数据。现在，人工智能可以利用算法和技术自动处理和分析媒体数据，实现数据的快速清洗、聚合和整理。通过智能化的数据处理工具，媒体机构能够快速提取和处理大量的数据，包括文本、图像、音频、视频等多种形式的数据。这大大提高了数据处理的效率和准确性。人工智能还能通过深度学习、预测分析等高级技术，挖掘数据中的深层次价值。通过对数据进行模式识别和趋势分析，人工智能能够发现隐藏在数据背后的规律和模式。这有助于媒体机构发现新的报道角度和创新的内容策略。例如，在新闻报道中，人工智能可以通过分析大量的数据，提供新的报道视角和主题，从而更好地满足读者的需求和兴趣。

2.数据的使用更加精准和个性化

传统的数据使用方式往往是“一刀切”，难以满足用户的个性化需求。而现在，人工智能可以根据每个用户的行为、兴趣和情境，为他们提供定制化的信息服务。比如，AI 推荐系统可以根据用户的历史行为和偏好，为他们推荐最合适的内容；AI 广告系统可以根据用户的属性和需求，投放最相关的广告。

3.数据安全性得到显著提升

在大数据时代，数据安全成为一个重要的关注点。随着媒体机构积累的用户数据和业务数据越来越多，保护这些数据的安全变得至关重要。人工智能在数据安全方面发挥了显著作用，提升了数据的安全性和系统的防护能力。

人工智能可以通过多种技术手段来保障数据的安全，其中，异常检

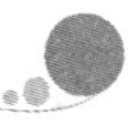

测是一种常见的方法。人工智能系统可以通过对大量数据进行学习和分析，建立数据的正常模式，并实时监测数据的变化。一旦发现异常情况，如未经授权的访问、数据篡改或数据泄露等，系统会及时发出警报并采取相应的防护措施。这种自动化的异常检测可以有效降低数据安全风险，保护媒体机构和用户的数据安全。人工智能还可以通过风险评估来预测和防范数据安全风险。基于大数据和机器学习技术，人工智能系统可以分析历史数据、用户行为和网络威胁情报等，识别潜在的安全威胁和漏洞。通过建立风险评估模型，媒体机构可以提前识别和应对可能的安全风险，并采取相应的措施来强化数据安全防护。人工智能还能够自动化地进行安全审计和日志分析。通过对系统日志和操作记录进行分析，人工智能系统可以及时发现潜在的安全漏洞和异常操作，提高数据安全性和机构的反应能力。

二、媒体领域面临的人工智能挑战

（一）技术和人才的短缺

人工智能技术本身是高度复杂的，需要深厚的专业知识和技能才能掌握。然而，目前在媒体行业中具备深度学习、自然语言处理、计算机视觉等人工智能领域专业知识的人才相对稀缺，这导致了在媒体机构中引入和应用人工智能技术的困难。媒体机构面临招聘高素质人才的挑战，还需要提供持续的培训和发展机会，以提高内部员工在人工智能方面的专业素养。人工智能领域的技术不断涌现，新的算法和模型层出不穷，媒体从业者需要时刻保持学习的状态，跟踪最新的技术进展，并将其应用到实际的工作中。这需要媒体从业者具备持续学习和自我更新的意识，也需要媒体机构提供相应的学习和培训资源，以便员工能够跟上技术的快速发展。人工智能技术在媒体行业的应用还面临着与传统业务的整合和协同的挑战。传统的媒体业务往往建立在长期积累的经验和流程上，与人工智能技术的融合需要克服一系列的技术和管理难题。媒体机构需要进行组织架构和流程的调整，以适应人工智能技术的引入和应用，还需要加强员工培训，使其接受和理解人工智能，从而推动传统业务与人工智能技术的协同发展。

（二）数据隐私和安全问题

媒体行业越来越依赖于数据，特别是用户数据，来驱动内容创作、推荐和广告投放等业务，这意味着媒体机构需要收集、存储和处理大量的用户数据。然而，用户数据往往包含了很多敏感信息，如个人身份信息、行为习惯、偏好等。如果这些数据被非法获取、滥用或泄露，就可能侵犯用户的隐私权，甚至可能导致身份盗窃等严重后果。与此同时，人工智能技术自身也存在安全风险。比如，人工智能模型可能被黑客攻击，黑客通过投喂特定的输入数据，使得模型产生错误的输出，这被称为对抗性攻击。一些高级的人工智能技术，如深度学习，需要大量的训练数据，而模型的输出又与训练数据密切相关，如果训练数据包含敏感信息，那么攻击者就可能通过分析模型的输出，来推断出训练数据的内容，这被称为推断攻击。

（三）技术的过度依赖风险

在媒体领域，人工智能的应用已经深入各个环节，从新闻编写到用户推荐，从数据分析到营销决策，都离不开人工智能的帮助。然而，过度依赖人工智能也可能带来一系列风险。

1.媒体机构失去对内容生产的主动权

人工智能技术应用于内容生成方面，虽然能够自动产生大量的内容，但缺乏创造性和独特性。这可能导致媒体机构的内容变得雷同，缺乏个性和差异化，降低媒体的价值和竞争力。人工智能生成的内容往往缺乏深度和原创性，无法提供独特的观点和分析，从而影响读者的阅读体验和信任度。人工智能技术的应用也可能引发内容质量的问题，如生成不准确、误导性的内容，甚至可能出现人工智能编写的“假新闻”。这对

媒体行业的可信度和声誉构成了威胁，也对读者和受众的信息获取和判断能力提出了挑战。

2. 降低媒体机构的应变能力

媒体行业的特点之一是快速变化，需要紧跟时事和社会动态，及时报道和分析新闻事件。然而，人工智能的预测能力受限于历史数据，可能无法适应新的情况和未知的变化。在这种情况下，媒体机构需要保持一定的独立思考和判断能力，既依赖于人工智能的结果，又需要结合自身的专业知识和经验，作出适当的决策，采取有效的应对措施。人工智能技术的广泛应用可能导致媒体机构的依赖性增加，缩小了人的介入和判断的空间。如果过度依赖人工智能系统，媒体机构可能会失去自主性和灵活性，对新的情况和变化无法作出及时地调整和反应。因此，媒体机构需要在使用人工智能的同时，培养自身的判断能力和创新能力，保持独立思考的能力，并且要时刻关注行业的动态和趋势，以便及时调整策略和应对变化。

3. 媒体机构过于关注数据和效率

媒体是为用户提供信息、故事和娱乐的载体，用户在媒体中寻找的不仅仅是信息的传递，更重要的是与媒体内容产生情感共鸣、获取思想启示、享受娱乐体验等方面的需求，而这些需求往往需要更多的人类的情感和创造力来满足，而不单是冷冰冰的数据和自动化流程。过度依赖人工智能可能使媒体机构陷入一种追求效率和数量的境地，导致内容同质化和标准化，缺乏个性化和情感化。在这种情况下，媒体机构可能失去与用户建立深层次联系的能力，无法真正满足用户的情感需求和提供有意义的媒体体验。

4. 增加媒体机构的运营风险

人工智能在媒体领域具有巨大的潜力，但该技术本身也存在一些未知的问题和挑战。其中之一是对抗性攻击，即恶意攻击者通过向人工智能模型输入特定的数据，以欺骗或干扰模型的输出结果。这可能导致误导性的新闻报道或错误的信息传播，给媒体机构的信誉和声誉带来负面影响。另一个问题是模型偏见。人工智能模型的训练数据往往来源于现实世界，可能存在与种族、性别、社会经济地位等相关的偏见。如果媒体机构过度依赖这些模型进行内容生成、推荐和分发，可能会引发公众对偏见和不公正的担忧，损害媒体机构的信誉。

三、媒体行业的人工智能实施策略

（一）培养和引进人工智能专业人才

1.提供基础的人工智能知识和技能培训

媒体机构可以组织内部培训或与专业培训机构合作，为员工提供人工智能基础知识的学习机会，包括人工智能的基本原理、常用算法和技术，以及人工智能在媒体领域的应用案例等。通过培训，员工可以了解人工智能的基本概念和技术，并掌握一些常用的人工智能工具和软件的使用方法。

2.提供实战经验和案例分析

除了理论培训，媒体机构还可以通过实际项目和案例研究，让员工实践人工智能在媒体工作中的应用，包括与技术合作伙伴或专业团队合作，共同开展人工智能项目或解决具体问题。通过实践，员工可以深入了解人工智能在媒体行业的实际应用，掌握人工智能技术在实际工作中的操作和应用方法。

3.与高校和研究机构合作

媒体机构可以与高校和研究机构合作，共同开发人工智能课程和实验项目。通过合作，媒体机构可以获得最新的人工智能研究成果和技术趋势，高校和研究机构可以为学生提供实践机会和专业指导。这种合作模式有助于培养新一代的媒体人工智能人才，为媒体行业注入新的活力和创新力。

4. 引进人工智能专业人才

媒体机构可以通过招聘或合作等方式，引入具有人工智能技术经验的专业人才。这些人才可能来自其他行业或领域，但具备人工智能技术的专业知识和实践经验。媒体机构也可以引入具有媒体背景和理解力的人工智能人才，以确保引入的人才能够理解媒体行业的特点和需求，并能够将人工智能技术与媒体内容和服务相结合。

（二）加强法规和伦理规范建设

1. 积极参与和推动相关法规政策的制定

这包括了解和参考国内外的相关法律法规和伦理准则，如隐私保护、数据安全、版权保护等方面的法律法规和伦理准则。媒体机构可以与政府部门、行业协会等合作，提供自身的经验和建议，帮助其为人工智能技术的发展提供合理的法律框架和规范。

2. 自行设立并遵守合适的伦理规范

媒体机构可以制定和实施内部的伦理准则，明确人工智能技术在新闻报道、内容生成、信息传播等方面的使用原则和限制，包括数据隐私保护、信息真实性和准确性的维护、公正和公平的报道等。媒体机构应加强对员工的伦理教育和培训，提高他们对人工智能伦理问题的意识和敏感度。

3. 利用自身传播力量普及相关知识和法律伦理意识

通过新闻报道、专题节目、社交媒体等渠道，媒体机构可以向公众普及人工智能的基本原理、应用场景以及其中的法律和伦理问题。这有助于提高公众对人工智能技术的理解和认知，促进社会对人工智能的合理应用和监管。

（三）保护数据隐私和安全

在数据管理制度上，媒体机构需要明确规定哪些数据可以收集，以及如何收集、存储、使用和销毁这些数据。媒体机构还需要设立审查机制，以确保各项规定的执行。在技术防护措施上，媒体机构需要采用数据加密、匿名化等技术，保护数据在传输和存储过程中的安全。媒体机构还需要对外部攻击和内部泄露进行防范，如设置防火墙，进行定期的安全审计，以及对员工进行数据安全教育。媒体机构也需要尊重用户的数据隐私权，包括增加数据收集和使用的透明度，让用户明白媒体机构如何使用他们的数据；提供数据控制权，让用户可以选择是否提供数据，以及如何使用数据；提供数据删除权，让用户可以要求媒体机构删除他们的数据。

（四）建立技术监督和评估机制

技术监督机制主要是对人工智能系统的运行进行实时监控，包括但不限于数据采集、算法运行、系统决策等环节。通过设置一系列的监控指标和阈值，能够及时发现和处理异常情况，防止人工智能系统的失控。技术监督也包括对人工智能的研发和使用过程进行监管，确保研发和使用符合法规和伦理要求，避免出现滥用人工智能的情况。

评估机制则主要是对人工智能系统的效果进行评估，包括系统的准确性、可用性、公平性、透明性等方面。通过定期的效果评估，可以检验人工智能系统是否达到预期的目标，是否存在问题和缺陷，从而指导后续的优化和改进工作。评估机制还包括对人工智能带来的社会影响进行评估，如对就业、隐私、公平等方面的影响，以促进人工智能的健康和可持续发展。

无论是技术监督还是评估机制，都需要有明确的责任主体、规则和流程，并且需要有足够的技术和资源支持，以保证其有效性和公正性，还需要有反馈和改进机制，以便根据监督和评估的结果进行调整和改进。

第三章　智能媒体的创新技术

第一节　深度学习在媒体应用中的创新

一、深度学习推动的媒体内容生成

深度学习模型能够处理大量的数据，提取其中的规律，生成质量上乘的媒体内容。这种自动化的内容生成方式既能节省人力，又能在短时间内生成大量内容，满足了快节奏的媒体环境需求。更重要的是，深度学习模型在训练过程中可以继续学习和优化，不断提升生成内容的质量。

（一）文字内容生成方面

自然语言处理（NLP）是深度学习的一个重要应用领域。利用深度学习技术，可以对大量的文本数据进行分析和学习，生成各类文章、报告、新闻等内容。此外，深度学习模型还可以模拟特定的写作风格，为内容添加个性化的元素。

（二）图像内容生成方面

通过生成对抗网络（GANs），深度学习模型能够学习并生成高度逼真的图像，使得图像内容的创作变得更加自由和创新。GANs模型中的生成器网络可以生成与真实图像相似的虚拟图像，而判别器网络则用于评估生成的图像的真实性。通过不断优化这两个网络之间的对抗过程，生成器网络可以逐渐提升生成图像的质量和真实感。利用深度学习生成的图像内容可以应用于多个领域。在艺术创作中，艺术家可以借助深度学习模型生成创意独特的图像作品，探索新的艺术风格和表现形式；在设计领域，深度学习可以辅助设计师进行图像编辑和优化，使得设计作品更加美观和吸引人；在虚拟现实和增强现实中，深度学习可以生成逼真的虚拟环境和角色，提升用户的沉浸感和体验感。

（三）音频和视频内容生成方面

在音频和视频内容生成方面，深度学习技术展现出了巨大的潜力和创新性。通过深度学习模型，我们能够生成各种音频内容，包括音效、音乐和配音等，为音频内容的创作和表现提供了更多的可能性。深度学习模型可以学习音频数据的特征和模式，从而生成高质量、多样化的音频内容。在视频领域，深度学习同样具备重要的应用价值。它不仅可以用于视频剪辑和特效制作，还可以用于生成复杂的视频内容。通过深度学习模型，我们可以生成逼真的动画和模拟现实场景，创造出令人惊叹的视觉效果。深度学习模型可以学习视频数据的空间和时间特征，从而生成具有连贯性和逼真度的视频内容。

二、深度学习在媒体推荐系统中的应用

媒体推荐系统的目标是根据用户的偏好和行为，推送最相关、最有价值的内容。传统的推荐算法，如协同过滤和基于内容的推荐，虽然在一定程度上可以实现这个目标，但它们往往忽视了用户行为的动态性和

复杂性，不能有效处理大规模的数据和复杂的用户行为模式，而深度学习技术则具有应对这些挑战的潜力。

在媒体推荐系统中，深度学习的主要应用有以下几个方面，如图3-1所示。

图3-1 深度学习在媒体推荐系统中的应用

（一）用户行为建模

一个用户在媒体平台上的行为通常是一个动态变化的序列，这种序列包含了用户的浏览历史、点击历史、购买历史等丰富的信息。有效地利用这些信息，是提高推荐效果的关键。这正是循环神经网络（RNN）和长短期记忆网络（LSTM）所擅长的。循环神经网络和长短期记忆网络能够对序列数据进行深度建模，捕获其内部的依赖关系和动态变化，从而更好地理解用户的行为模式和趋势。例如，一个用户连续观看了多部科幻电影，这可能表明用户对科幻题材有一定的偏好。循环神经网络和长短期记忆网络可以捕捉到这种趋势，从而在推荐时优先考虑科幻题材的内容。另外，用户的行为也包含了丰富的特征信息，如用户的点击位置、停留时间、操作频率等。这些特征信息可以反映用户的具体行为习惯和潜在需求。卷积神经网络（CNN）可以有效地对这些特征进行抽取和学习，揭示其背后的模式。例如，一个用户经常在晚上浏览新闻，这可能表明用户有在晚上获取信息的需求。媒体平台通过卷积神经网络，可以识别出这种模式，从而在晚上为用户推送更多的新闻内容。

这种基于深度学习的用户行为建模方法，可以提高推荐的精度，还能提升用户的使用体验。用户可以在海量的信息中快速找到自己感兴趣的内容，减少了寻找信息的时间和难度。个性化的推荐也可以提升用户的满意度和忠诚度，从而提高媒体平台的用户留存率和活跃度。

（二）内容分析和理解

深度学习可以用于媒体内容的分析和理解，如自然语言处理、图像识别、语音识别等，这有助于推荐系统理解内容的含义和情境，提升推荐的相关性。对于视觉内容，如图片和视频，深度学习的图像识别技术可以对其进行高效的处理。卷积神经网络等深度学习模型，已被广泛应用于图像和视频的识别和分类。这些模型可以从视觉内容中抽取特征，例如，识别图像中的物体，理解视频的动作和场景，从而深度理解视觉内容的含义。这对于视频推荐，特别是短视频推荐，具有重要的作用。在音频领域，深度学习也可以用于语音识别和音乐分析。例如，语音识别模型可以将音频内容转化为文本，然后进行自然语言处理，以理解音频的主题和情感；对于音乐，深度学习可以分析音乐的节奏、旋律和风格，以提供更精确的音乐推荐。

（三）预测和推荐

基于深度学习的预测模型，如深度神经网络（DNN）、自编码器（Autoencoder）等，能根据用户行为数据和内容数据，学习并理解用户的偏好模式，然后预测用户对未见过的内容的反应，从而实现精准推荐。

深度神经网络是一种可以模拟人脑神经系统的模型，其深度结构和非线性处理能力，使其在模式识别和预测方面具有显著的优越性。在推荐系统中，深度神经网络可以处理大量的用户行为数据，自动提取出有意义的特征，然后通过这些特征预测用户的未来行为和需求。因此，深度神经网络不仅可以提高推荐的准确性，而且可以处理复杂的、非线性的用户行为模式，提供更丰富和个性化的推荐。

自编码器是一种可以学习输入数据的压缩表示的深度学习模型，被广泛应用于降维和特征提取。在推荐系统中，自编码器可以对用户行为

数据进行压缩编码，然后再解码还原，以此来学习用户的潜在偏好。这种方法可以有效地处理稀疏的用户—物品矩阵，对于解决冷启动问题，即如何对新用户或新物品进行推荐，有着重要的作用。

基于深度学习的预测模型的应用，极大地提升了媒体推荐系统的预测精度和推荐质量。通过对用户行为和内容数据的深度学习，系统能更准确地理解用户的需求和喜好，从而实现精准推荐。这提升了用户的使用体验，也为媒体提供了更有效的个性化服务，进一步推动了媒体技术的发展和创新。

三、深度学习促进的媒体情感分析

深度学习为情感分析提供了一种全新的途径。传统的情感分析方法主要依赖于词典和规则，这种方法无法应对复杂和细微的情感表达。而深度学习具有更强的学习和理解能力，它能自动提取和学习文本特征，理解文本的深层次语义，从而进行更精准的情感分析。

深度神经网络是一种有效的情感分类工具，它能自动学习和提取文本中的特征，如词语的组合、词序等。这些特征反映了文本中的情感信息，可以用于分类模型的训练。例如，卷积神经网络可以提取局部连续的特征，捕获文本中的情感表达；而循环神经网络和长短期记忆网络可以处理具有序列性的文本，捕获情感的上下文信息。这样，通过深度神经网络，可以将文本转化为情感标签，实现自动的情感分类。循环神经网络和长短期记忆网络等也可以用于处理具有时间序列性的情感数据，如用户的情感变化轨迹。例如，在社交媒体中，用户的发言往往有时间序列性，表达了用户情感的变化过程。系统通过长短期记忆网络等模型，可以捕获这种时间序列性，预测用户的情感变化。这对于理解用户的情感动态，提供个性化的服务，如情感支持、心理咨询等，具有重要的价值。预训练模型如BERT、GPT等，可以进行细粒度的情感分析，如情感强度、情感极性等。这些模型通过大量的无标签数据预训练，学习了丰富的语言知识，可以理解文本的复杂语义，甚至是隐含的语境和意图。比如，对于“这个电影很糟糕”这句话，传统的词典方法可能只能识别出“糟糕”这个负面词汇，而无法理解“很”这个强度词，导致情感分析的不准确，而预训练模型可以理解这种复杂的语义，提供更精准的情感分析。

四、深度学习在媒体行业的实时决策优化

（一）智能化内容分发

深度学习在智能化内容分发上具有显著的优势。深度学习模型能够通过大量的用户行为数据，学习有用的信息。例如，长短期记忆网络具有处理时间序列数据的优势。在用户的行为数据中，存在着时间的连续性，用户的兴趣并不是一成不变的，而是随着时间的推移发生变化。长短期记忆网络可以抓取这种连续性，并通过理解用户的兴趣变化来提供个性化的内容推荐。而自编码器则可以通过用户行为学习用户的兴趣表示。自编码器是一种无监督的学习方法，通过学习重建输入数据来学习数据的隐藏表示。在媒体行业中，可以将用户的行为数据作为输入，通过自编码器学习隐藏的用户兴趣表示，然后利用这个表示来为用户推荐内容。深度学习还可以用于实时的内容分发决策。传统的推荐系统往往需要定期更新，而深度学习模型可以实时处理新的用户行为数据，作出实时的推荐决策。这使得推荐系统可以更快地响应用户的行为变化，提供更及时的推荐服务。

（二）用户留存和流失预测

用户留存和流失预测是媒体行业面临的重要挑战之一。用户流失不仅会导致用户基数的下降，还会对媒体行业的收入和利润产生负面影响。因此，准确预测用户的留存和流失并及时采取措施，成为媒体行业的重要任务。深度学习模型在此方面具有显著的优势。

具体来说，递归神经网络（RNN）可以处理时间序列的用户行为数

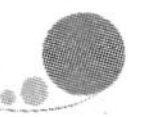

据。用户的行为序列中蕴含着丰富的信息，例如，用户的访问频率、访问时长、内容偏好等，这些信息可以反映用户的行为模式和态度。递归神经网络可以学习这些行为模式，并据此预测用户的留存或流失可能性。通过这种方式，媒体机构可以在用户流失前发现风险，提前采取措施，如发送促销信息、提供个性化服务等，来提高用户的留存率。卷积神经网络也可以用于用户留存和流失预测。卷积神经网络是一种深度学习模型，专门用于处理具有网格结构的数据，如图像。在媒体行业，用户行为数据可以被看作时间网格，卷积神经网络可以从中提取出重要的特征，用于留存和流失预测。

通过这种方式，深度学习可以帮助媒体行业更精确地预测用户的行为，作出更有效的决策。然而，值得注意的是，虽然深度学习在用户留存和流失预测上具有优势，但其预测性能往往受限于数据质量和数据量，因此，在实际应用中，还需要注意数据的采集和处理。

（三）新闻事件和社会趋势预测

深度学习也可以用于新闻事件和社会趋势的预测。通过深度学习模型，媒体机构可以从大量的新闻和社交媒体数据中，预测未来的新闻事件和社会趋势。例如，递归神经网络可以将历史的新闻报道作为输入，通过学习文本之间的关联性和时间顺序，预测未来可能发生的事件。预训练模型如 BERT 和 GPT 能够理解和学习语义上下文，从而更好地理解新闻报道和社交媒体中数据的含义。通过训练这些模型，可以利用它们来预测未来的社会趋势。例如，可以利用 BERT 模型分析社交媒体上用户的情感和意见，预测公众对某一事件的反应和社会情绪的发展趋势。

深度学习模型在新闻事件和社会趋势预测中的应用，为媒体机构和决策者提供了有价值的参考。通过准确预测可能发生的新闻事件和社会变化，媒体机构可以更好地调整新闻报道的方向和内容，为用户提供更及时、准确的信息。决策者可以根据预测结果制定相应的策略，以应对未来的变化和挑战。

第二节 计算机视觉在媒体应用中的创新

计算机视觉在媒体应用中发挥着日益重要的作用，其主要体现在以下几个方面，如图 3–2 所示。

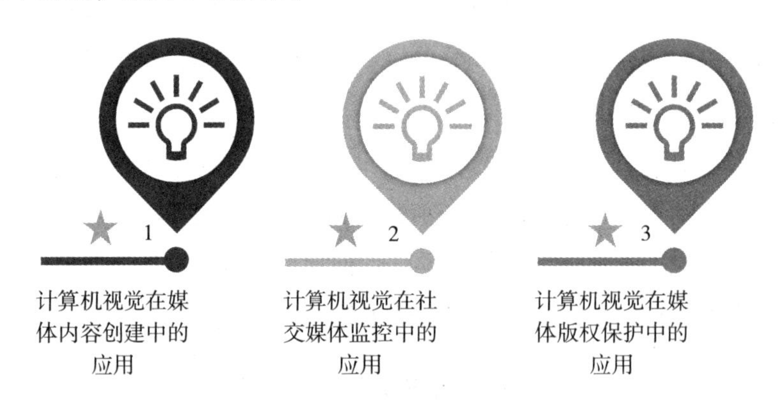

图 3–2 计算机视觉在媒体中的创新应用

一、计算机视觉在媒体内容创建中的应用

（一）计算机视觉在虚拟现实与增强现实媒体内容中的作用

虚拟现实和增强现实是当前媒体行业的重要创新领域，它们为用户提供了沉浸式、交互式的新体验。在这两种新型媒体形式中，计算机视觉的应用起到了关键的作用。

计算机视觉使 VR 和 AR 设备能够理解现实世界的场景，识别和跟踪用户的行为，从而为用户生成逼真的虚拟环境或在现实环境中添加虚拟元素。具体来说，计算机视觉技术可以捕获和处理视觉数据，生成三维模型，计算视点和视线，以及处理图像和视频等。例如，在 VR 中，计算机视觉可以用于创建虚拟环境，如模拟真实世界的城市、建筑、自

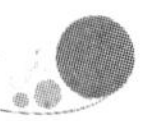

然风景等。用户在这些虚拟环境中可以自由移动、查看和互动，获得身临其境的体验。在这个过程中，计算机视觉需要处理大量的图像和视频数据，生成高质量的视觉效果，实时响应用户的行为和视点变化，保证视觉体验的连续性和一致性。在 AR 中，计算机视觉则主要用于识别现实场景，将虚拟元素融入现实环境中。这需要计算机视觉进行复杂的场景理解，如物体识别、位置估计、图像分割等，以确保虚拟元素与现实环境的自然融合。此外，计算机视觉还需要跟踪用户的视线和手势，以实现用户与虚拟元素的交互。

计算机视觉在 VR 和 AR 媒体内容创建中的应用，不仅提升了媒体的观赏性和互动性，也为媒体行业开辟了新的创作空间。借助计算机视觉，可以创造出超越现实的视觉体验，丰富用户的感官世界，引领媒体的未来发展。

（二）计算机视觉在动画与特效制作中的应用

1. 计算机视觉在动画制作中的应用

计算机视觉可用于动画人物的建模和渲染。传统的动画制作需要动画师手动绘制每一帧，这种方法既耗时又费力。而现在，应用计算机视觉，可以通过扫描和分析实际对象，快速生成三维模型；还可以通过理解物体的形状和纹理，自动完成渲染，使动画人物看起来更为逼真。这样不仅提高了制作效率，也提升了动画质量。计算机视觉技术在动画制作中的另一项重要应用是运动捕捉。计算机视觉可以对实际演员的运动进行捕捉和分析，精确地记录并复制演员的动作，将其应用到动画人物上。这种方法可以保留演员的原始表演，使动画人物的动作更为自然和流畅。运动捕捉还可以用于创造不可能的动作，如超人的飞行或怪物的形态变化。

2. 计算机视觉在特效制作中的应用

特效是电影、电视剧等媒体作品中的重要元素，能够为观众呈现出叹为观止的视觉效果。计算机视觉可以通过模拟和仿真现实世界的物理规律和光照条件，创建出各种逼真的特效场景，一个常见的应用是爆炸和火焰特效的制作。计算机视觉可以模拟和渲染出火焰的形态、光照和燃烧效果，使其在影视剧中展现出真实感和震撼力。通过对火焰的物理模拟和粒子系统的应用，特效师可以控制火焰的形态和动态，创造出各种不同的火焰效果。计算机视觉还可以应用于水流、液体、烟雾等效果的制作，通过模拟流体的湍流和碰撞等物理规律，特效师可以创造出逼真的水流效果，使观众感受到水流的流动和湍流的纹理。应用计算机视觉还可以模拟出烟雾的扩散和演化过程，为场景增加氛围和神秘感。

二、计算机视觉在社交媒体监控中的应用

（一）图像与视频识别技术在社交媒体监控中的应用

对于社交媒体来说，用户生成的内容主要包括文本、图像和视频，而其中的图像和视频内容数量庞大，种类繁多，传统的人工审查方法无法满足实时性和准确性的要求。而采用计算机视觉，尤其是图像和视频识别技术，可以自动化处理这些问题，大大提高了社交媒体监控的效率和准确性。

计算机视觉可以帮助识别和分析社交媒体中的图像和视频内容，从中自动提取出关键信息，如人物、物体、场景等，从而帮助媒体机构更好地理解和分类用户发布的内容。这种自动化的内容分析可以为用户提供更精准的推荐和搜索结果，使用户能够更轻松地找到自己感兴趣的内容，提升用户体验和满意度。计算机视觉还能辅助社交媒体平台进行内容监测和审核，帮助发现和阻止不适宜的内容的发布，维护社交媒体平台的秩序和安全性。这些应用使得社交媒体平台能够更好地理解和响应用户需求，提供更加个性化和安全的内容服务。

计算机视觉在内容审核方面也发挥着重要作用。通过对图像和视频内容的分析和识别，计算机视觉可以自动检测并过滤出不适当的内容，如暴力、色情、虚假信息等。它可以识别出包含裸露人体、暴力场景、

假冒品牌标志等不适宜的元素，并快速进行警报和过滤，确保社交媒体平台为用户提供一个健康和安全的环境。计算机视觉的自动化审核不仅提高了审核的效率，还减轻了人工审核的负担，使社交媒体平台能够更快速地应对大量的内容上传。这样，社交媒体平台可以更好地维护用户的权益，防止不适当的内容对用户造成伤害，并营造一个积极向上的社交媒体环境。

计算机视觉还能在社交媒体监控中帮助理解和预测用户行为。通过分析用户分享的图像和视频，计算机视觉可以从中提取关键信息，如用户的兴趣、活动和社交网络。这些信息可以用于用户画像的生成，方便媒体机构了解用户的喜好和需求，从而为其提供更加个性化的服务。计算机视觉还能通过对用户行为的分析，预测用户的未来行为。通过监测用户的图像和视频分享模式，计算机视觉可以识别出用户可能感兴趣的内容、活动或社交圈子，从而提前进行推荐并提供定制化的服务。这有助于提升用户体验，也能为媒体平台提供更准确的预测和决策依据，从而优化运营和提高用户参与度。应用计算机视觉，社交媒体平台可以更好地了解和满足用户需求，提供更加个性化的用户体验。

（二）计算机视觉在虚假信息与不良内容检测中的应用

虚假信息和不良内容的出现，对社交媒体平台的用户体验造成了严重的破坏，而且可能误导用户，引发严重的社会问题。然而，由于虚假信息和不良内容的形式多样，且数量庞大，传统的人工检测方式往往难以应对。计算机视觉技术的引入，为处理这一问题提供了新的解决方案。计算机视觉，特别是图像和视频识别技术，可以自动地对图像和视频内容进行分析和理解。例如，应用对象识别和场景识别技术，可以识别出图像和视频中的人物、物体、场景等关键信息，进而理解其含义和情境。在此基础上，可以设计算法来检测虚假信息和不良内容。例如，通过对比检测到的信息与已知的事实，可以识别出虚假信息；通过检测不适当的人物、物体或场景，可以识别出不良内容。除此之外，计算机视觉还可以与其他技术，如自然语言处理技术和深度学习等相结合，进一步提升检测的准确性和效率。例如，借助自然语言处理技术，可以理解配图的文本信息，以此增强对虚假信息和不良内容的理解和检测；通过深度学习，可以自动学习和提取有效的特征，进一步提升检测的准确性。

虽然计算机视觉在虚假信息和不良内容检测中发挥了重要作用，但它并不能完全替代人工审核，因为计算机视觉的识别和理解能力仍然有限，有时可能会误判或漏判。因此，人工审核仍然是必要的，而计算机视觉只是作为一种有效的辅助工具，帮助提升审核的效率和准确性。

（三）利用计算机视觉进行社交媒体用户行为分析

一是图像和视频的社交行为分析。在社交媒体平台中，用户经常会分享图片和视频，这些内容往往包含丰富的信息。通过计算机视觉技术，可以自动分析这些图像和视频，提取其中的关键信息，如人物、物体、场景等，以此理解用户的行为和兴趣。例如，如果用户经常分享与旅游相关的图片，那么可能表明用户对旅游有着浓厚的兴趣。

二是社交媒体用户生成内容的情感分析。计算机视觉的发展使得机器可以识别和理解图片和视频中的情绪表达。比如，针对用户在社交媒体平台上发布的自拍照片，通过人脸识别和表情识别技术，可以分析出照片中用户的情感状态，这对于了解用户的情感倾向和个性特征非常有用。

三是用户互动行为的分析。社交媒体平台上的互动行为，如点赞、评论、转发等，也包含了大量的用户行为信息。通过对这些互动行为的分析，可以理解用户对某些内容的态度和反馈，这对于评估内容的受欢迎程度，以及了解用户的需求和反馈非常重要。

以上几点，仅仅是计算机视觉在社交媒体平台用户行为分析中的部分应用。随着技术的进一步发展，计算机视觉在这一领域的应用将更加深入和广泛。

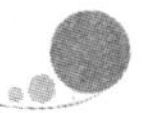

三、计算机视觉在媒体版权保护中的应用

（一）计算机视觉在版权侵权检测中的应用

1. 用于图像和视频的版权侵权检测

媒体内容通常受到版权保护，未经授权的使用可能构成侵权行为。计算机视觉可以自动化分析和比对图像和视频内容，检测是否存在与原始作品相似或完全一致的副本。通过比对关键的特征和元素，如图像结构、色彩分布、物体形状等，计算机视觉可以准确识别和定位潜在的侵权内容。这有助于媒体机构和版权持有人及时发现侵权行为，并采取相应的法律措施。

2. 辅助媒体机构进行内容版权的管理和授权

媒体机构通常需要管理大量的版权内容，包括授权使用和监督合规。计算机视觉可以对这些内容进行自动化的标记和分类，帮助媒体机构建立版权库和管理系统。通过对内容特征的提取和匹配，计算机视觉可以快速识别授权内容的使用情况，以及未经授权的内容使用情况。这有助于媒体机构更好地管理和控制其版权资源，提高版权管理的效率和准确性。

3. 用于在线平台的版权侵权检测

随着互联网的发展，媒体内容在各类在线平台上传播，版权侵权问题也日益突出。计算机视觉可以对在线平台的内容进行自动化的监测和检测，识别潜在的侵权行为。通过实时监控和自动警报系统，计算机视觉可以帮助在线平台及时发现和处理侵权行为，保护版权持有人的合法权益。

（二）计算机视觉在数字水印技术中的作用

数字水印技术是一种将特定信息（如版权标识）嵌入数字媒体内容中，以实现媒体版权保护和内容认证的技术。计算机视觉在其中发挥着重要作用，使得这种隐藏的信息可以在不影响原始内容质量的情况下被嵌入和提取，也能对抗潜在的攻击和篡改。

计算机视觉在数字水印技术中的运用，主要表现在以下几个方面。

一是在水印的嵌入过程中，计算机视觉可以帮助选择最佳的嵌入位置和嵌入方式。以图像为例，计算机视觉可以通过图像分析技术，找到图像的非重要区域，然后将水印信息嵌入这些区域，以在保证图像质量的同时，实现水印的隐藏。

二是在水印的提取和识别过程中，通过图像处理和特征提取，识别和定位媒体内容中的水印。通过对媒体内容进行分析和处理，计算机视觉可以辨别出水印的位置、形状、颜色等特征，然后通过水印识别算法，提取出嵌入在媒体内容中的水印信息。这些水印信息包含版权所有者的标识符、日期、来源等内容，用于确认媒体内容的版权归属。借助计算机视觉的水印识别和提取技术，可以有效验证媒体内容的版权；对比提取的水印信息和原始水印，就可以判断媒体内容是否被篡改或侵权。如果提取的水印信息与原始水印一致，那么可以确认媒体内容的版权归属，并保护版权所有者的权益；如果水印信息有所差异，可能意味着媒体内容被非法使用或修改，可以采取相应的法律措施保护版权。

三是计算机视觉还可以用于增强数字水印的鲁棒性。计算机视觉可以通过分析图像或视频的特性，设计出能够对抗各种攻击的鲁棒性水印。例如，在数字图像中，计算机视觉可以分析图像的纹理、颜色分布、边缘等特征，并根据这些特征设计出具有抗裁剪、抗压缩、抗滤波等特性的水印算法。这样的水印算法能够在图像遭受裁剪、压缩或滤波等操作后仍保持一定程度的可读性或检测性。通过计算机视觉的分析和设计，增强数字水印的鲁棒性可以提高媒体内容的版权保护能力。这种鲁棒性水印可以有效抵御各种攻击和篡改，保证水印在传播过程中的可靠性和可检测性。鲁棒性水印的应用也为版权所有者提供了更可靠的手段来追溯侵权行为和维护自身的合法权益。

（三）利用计算机视觉进行媒体内容溯源

利用计算机视觉进行媒体内容溯源的关键是建立起一个庞大的媒体数据库，其中包含已知的原创作品和其相应的特征数据。这些特征数据可以是图像或视频的指纹、元数据信息、关键点等。当新的媒体内容出现时，计算机视觉可以通过比对其特征数据，与数据库中的信息进行匹配，从而确定其是否为原创作品或是否存在侵权行为。计算机视觉可以通过提取和分析图像或视频的特征，识别出媒体内容的独特特征。例如，可以通过对比图像的颜色分布、纹理、形状等特征，或视频的帧间差异、运动轨迹等特征，来进行媒体内容的溯源和比对。这种基于计算机视觉的特征比对可以辅助版权机构或媒体所有者进行版权维权和侵权行为的追踪。

第三节　强化学习在媒体应用中的创新

一、强化学习在媒体推荐系统的创新应用

强化学习是一种在环境中与环境进行互动，并通过试错学习以优化长期奖励的机器学习技术。与监督学习和无监督学习相比，强化学习更强调如何在不确定的环境中作出决策，这种特性使得它非常适于处理推荐系统中的问题。在媒体推荐系统中，强化学习的应用具有显著的创新优势。媒体推荐系统需要根据用户的历史行为和当前状态，为用户推荐内容，然后根据用户对推荐结果的反馈进行学习和优化。这正是强化学习所擅长的，通过不断地与环境（在这里是用户）互动，学习到一个最优策略，使得长期的奖励（在这里是用户满意度或者点击率等指标）最大化。

强化学习可以解决很多方面的问题，如图 3-3 所示。

图 3-3　强化学习在媒体推荐系统中可解决的问题

（一）多臂老虎机问题

多臂老虎机问题在推荐系统中非常关键，因为推荐系统需要从众多的可选项中选择合适的内容向用户推荐，以最大化用户的满意度和回报。然而，每个推荐选择都有其潜在的回报和风险，因此需要在探索新的可能性和利用已知信息之间进行权衡。强化学习是一种解决多臂老虎机问题的方法，可以通过探索—利用策略来解决多臂老虎机问题。初始阶段，媒体推荐系统会进行探索，选择不同的选项以获取更多的信息和反馈。随着时间的推移，媒体推荐系统会根据已知的信息和奖励进行利用，选择那些已经被证明是有效的选项。通过强化学习算法的迭代学习，媒体推荐系统可以逐渐调整和改进其策略，以适应不断变化的用户需求和环境。这样，媒体推荐系统就可以提供更准确和个性化的推荐，从而提高用户的满意度，获得最大化回报。

（二）序列推荐问题

在媒体推荐系统中，序列推荐问题是指用户的行为具有序列性，即用户的当前行为会受到其历史行为的影响。传统的媒体推荐系统通常只

考虑用户的当前行为和个人特征，而忽视了序列性的影响。这容易引发一些问题，如无法准确预测用户在特定序列下的偏好和行为。强化学习在解决序列推荐问题上具有优势。通过强化学习算法的训练和学习，媒体推荐系统可以对用户的序列行为进行建模，并根据用户的历史行为和环境来调整推荐策略。媒体推荐系统可以学习用户在不同序列下的偏好和行为模式，并根据奖励函数的反馈进行优化。

（三）上下文推荐问题

上下文可以包括时间、地点、情境等因素，这些因素对用户的行为和偏好产生重要影响。传统的媒体推荐系统通常只关注用户的个人特征和历史行为，忽视了上下文的重要性。强化学习能够将上下文信息作为环境的一部分引入媒体推荐系统，通过学习环境的变化和用户行为的反馈，实现对上下文的动态适应。例如，可以利用强化学习算法对不同上下文条件下的推荐策略进行学习和优化，以提供更加个性化和精准的推荐服务。通过强化学习算法的训练和学习，媒体推荐系统可以根据用户当前的上下文环境，调整推荐策略和内容。例如，在特定时间段推荐适合该时间段的内容，或者根据用户所处地点推荐附近的商家或活动。这样的个性化推荐能够更好地满足用户的需求，并提升用户体验和满意度。

（四）在线学习问题

在线学习是指在媒体推荐系统中，可以实时地对用户的行为和反馈进行学习和更新模型，以适应用户的变化和新的推荐内容。在线学习的优势在于能够快速适应用户的行为变化和新的推荐内容。当用户的行为发生变化时，强化学习可以通过实时更新模型，捕捉到这些变化并调整推荐策略。当新的推荐内容出现时，强化学习也能够快速学习和适应，以提供更准确和有针对性的推荐结果。

二、强化学习在用户行为分析中的贡献

使用强化学习分析用户行为，模型会根据用户行为的状态转移和奖励信息进行学习，每个状态都可以对应用户的行为模式，如浏览、点击、分享等，奖励则可以是用户的满意度、停留时间等。通过学习这些状态转移和奖励信息，强化学习模型可以找到最优的策略，预测用户的下一步行为，从而为媒体应用提供精准的用户行为预测。

强化学习在用户行为分析中的应用，可以被看作一个决策过程。强化学习的决策过程强调连续性，这是因为强化学习模型需要在一系列状态和行动中进行学习和决策。在用户行为分析中，每个状态都可以被看作用户在一段时间内的行为模式，例如，用户浏览某个页面、观看某个视频、点击某个链接等。这些行为模式是连续的，因为用户的下一个行为往往受到他们之前行为的影响。强化学习模型能够考虑到这种连续性，从而更好地理解和预测用户的行为路径。强化学习的决策过程充分体现了动态性。用户的行为不是静态的，而是随着时间、环境以及用户自身情绪的变化而变化。强化学习模型通过不断地与环境进行交互，实时更新自身的知识，以适应这种动态性。因此，与传统的离线分析方法相比，强化学习能够提供更实时、更精准的用户行为预测。另外，强化学习还具有优秀的适应性。在面对不确定、复杂的用户行为时，强化学习模型可以通过自我学习和自我改进，逐步探索出最优的策略，这使得强化学习在理解和预测用户行为方面具有巨大的潜力。

强化学习模型还可以处理探索和利用的平衡问题。“探索”是指对用户尚未展现出的行为模式进行预测和理解，它帮助媒体机构发现新的或未被注意到的用户行为趋势。而“利用”则是指利用已经得到的用户行为数据，对用户未来的行为进行预测。如何在探索和利用之间找到最佳的平衡，是一个在用户行为分析中需要持续关注和研究的问题。强化学习模型在处理这个问题上有其独特的优势。强化学习模型是以奖励机制为驱动，通过与环境的交互来学习最优策略。在这个过程中，模型不

断地在探索未知和利用已知之间进行权衡。在学习初期，模型会更倾向于探索，以获取尽可能多的信息；随着学习的深入，模型会逐渐增强对已知信息的利用，以实现最大的奖励。这种探索与利用的自动平衡，使得强化学习在用户行为分析中显得非常重要。比如，在媒体推荐系统中，需要在推荐已知用户喜欢的内容（利用）和推荐用户可能喜欢的新内容（探索）之间找到平衡，以保持用户的持续活跃和探索新的兴趣点。强化学习模型可以通过自我学习和调整，找到最优的平衡点。强化学习模型的动态适应性也使其能够随着环境变化及时调整探索和利用的策略。当环境变动较大时，模型可以增加探索的权重，以适应新环境；当环境变动较小时，模型则可以更多地利用已知信息，提高效率。

三、强化学习在媒体运营管理中的实时决策优化

强化学习在媒体运营管理中的实时决策优化应用方面，呈现出独特的潜力。在这个过程中，强化学习模型可以被看作一个连续决策过程，其中媒体运营管理者是“代理”，媒体环境是“环境”，每一个操作（如发布新的内容、调整推荐策略等）都可能带来一定的“奖励”或“惩罚”。

强化学习可以通过与环境的交互，持续地学习和优化策略，使得媒体运营决策更加精准和高效。传统的内容发布策略往往基于人工经验或者简单的统计规则，如定时发布、按用户活跃度发布等。然而，这种方法忽视了用户行为的复杂性和动态性，不能充分满足用户的需求。在这种情况下，强化学习提供了一种新的解决方案。强化学习模型可以通过与用户的交互，获取用户对于不同内容、在不同时间和不同地点发布的反馈。然后，模型将这些反馈作为奖励或惩罚，不断地更新和优化自己的策略。这样，模型就可以学习到何时、何地发布什么样的内容可以带来最高的用户参与度和满意度。例如，模型可能发现，在工作日的早晨发布关于健康饮食的内容，可以引起大量用户的共鸣和讨论，而在周末

的晚上发布娱乐新闻，则可以吸引更多的用户参与。通过这种方式，模型可以不断地优化内容发布的时间、地点和主题，从而提升用户的参与度和满意度。这种优化过程是动态的。随着用户需求的变化和新的反馈的积累，模型可以持续地学习和调整自己的策略，保持与用户需求的同步。

同样，在媒体广告投放中，强化学习也可以实现实时决策优化。强化学习可以通过不断地尝试和学习，找出在特定情境下最有可能引起用户点击或者购买的广告，实现个性化的广告推荐。强化学习模型在每次广告投放后，都会获取反馈信息，如用户是否点击、是否购买等。然后，模型将这些反馈信息作为奖励或者惩罚，更新自己的策略。这样，模型就可以不断地学习和优化自己的广告投放策略。例如，模型可能发现，在工作日的午后投放休闲产品广告，可以获得更多的点击和购买，而在周末的早上投放家居产品广告，效果更好。通过这种方式，强化学习模型可以实现个性化的广告推荐，提高广告投放效果，提升用户体验。

在用户留存策略的制定上，强化学习也表现出了独特的优势。用户的兴趣和偏好可能会随时间改变，传统的离线学习方法无法即时更新模型以反映这些变化。通过在线学习，媒体推荐系统能够通过实时学习和更新模型来捕捉用户行为的变化趋势，从而更准确地预测用户的兴趣和需求。在线学习还有助于解决媒体推荐系统中的冷启动问题。冷启动是指对于新用户或新物品缺乏足够的信息以进行个性化推荐。通过在线学习，媒体推荐系统可以在用户与系统交互的过程中逐渐学习用户的喜好和偏好，从而缓解冷启动问题，并提供更准确的推荐结果。

第四章　智能媒体与社会影响

第一节　智能媒体对社会的影响

智能媒体的快速发展和广泛应用正在对社会产生深远的影响，如图4-1所示。它改变了人们的交流方式，塑造了舆论环境，影响了社会治理，也引发了人们对伦理道德的思考。

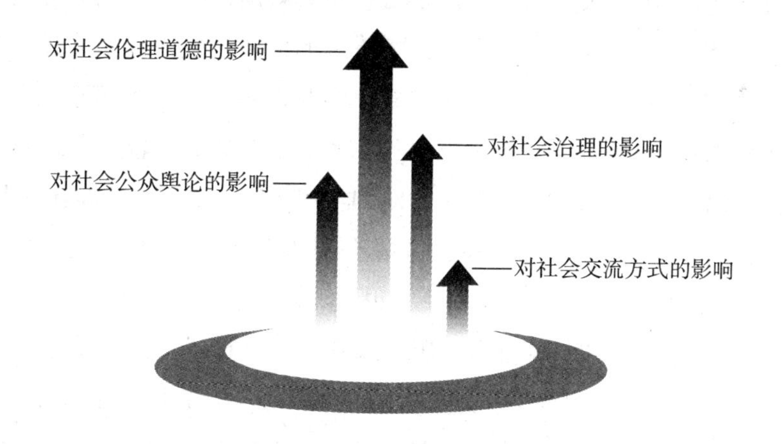

图4-1　智能媒体对社会的影响

一、智能媒体对社会交流方式的影响

智能媒体已经深刻地改变了社会交流方式。过去，信息的传播方式主要依赖于传统的媒体，如电视、广播和报纸。如今，随着智能媒体的发展，越来越多的人开始通过博客、微博、微信等平台进行信息的分享和交流。这种变化使得信息的传播更加快速、广泛。

（一）信息传播更加快速，更具即时性

传统媒体平台，如电视、报纸和广播，由于其本身的属性，都有一定的制约因素，导致它们不能即时发布信息，需要一段准备和处理的时间。例如，报纸和电视新闻报道需要经过新闻收集、编辑、排版、印刷等一系列流程，这一流程通常需要数小时甚至一天的时间。同时，这些传统媒体的信息传播又受到地域限制，如电视和广播的信号覆盖范围、报纸的物理分发范围等。智能媒体的出现改变了这一局面，使得信息的传播速度得到了前所未有的提升。借助智能媒体，如社交网络、新闻APP等，用户只需要一部智能手机或电脑，就可以随时随地获取最新的信息。信息发布者只需进行简单的操作，就可以在瞬间将信息传递给全世界。例如，在一次重大事件发生后，相关新闻往往会在数分钟内在互联网上迅速传播开来。信息在智能媒体上的传播速度不仅快，还具有即时性，用户可以通过推送通知等方式，实时地接收到新的信息。在一些需要快速响应的场景中，如突发事件、紧急通知等，智能媒体的这一优势尤为重要。例如，2017年8月8日21时19分，四川九寨沟县发生7.0级地震，21时37分15秒，中国地震台网机器人在25秒内完成了一篇540字的新闻，并配上了4幅照片，内容包括地震中心的地形地貌、人口分布、周边村镇和县城分布、历史地震、震中概况、震中天气等；《南方都市报》“小南”的首篇春运报道新闻300多字，只用了1秒钟就完成了，并配上了“车次以K字头和普列为主，基本都是无座票，旅途艰辛”等人性化的话语；今日头条的“Xiao ming bot”几乎和电视直播同步写出

了一篇关于体育比赛的文章，其效率是人工采写新闻无法企及的。

智能媒体的这种快速传播方式，提升了信息的传播效率，也改变了人们获取和处理信息的方式。人们可以更快地了解到全球发生的大事，对事件的跟踪报道也可以实现实时更新，这对于社会的发展，尤其是对于快节奏的现代社会，具有重要的推动作用。但也应注意，这种快速传播的信息也可能带来一些问题，如错误信息的快速扩散、信息安全问题等，这需要社会从多个角度去思考和解决。

（二）信息传播更加广泛

传统媒体在信息的传播范围上，往往受到媒体本身的限制。比如，电视、广播的传播范围受到信号覆盖的限制，报纸的传播范围受到发行网络的限制，且在这些媒体上发布信息通常需要一定的资格和门槛，因此，传统媒体往往只能将信息传播给有限的人群。然而，智能媒体改变了这一现象，打破了信息发布的门槛，让信息的传播更加民主化。任何人只要拥有一台联网的设备，就可以成为信息的发布者。在社交媒体上，用户可以分享自己的生活点滴、见解和观点；在新闻平台上，用户可以发布自己的文章或者博客；在视频平台上，用户可以分享自己的视频作品。这些都使得信息的传播范围大大扩大，人们可以接触到更加丰富、多元的信息。

智能媒体的这种广泛传播特性，改变了信息发布者的身份，让更多的人有机会发声，还丰富了信息的类型和内容，让用户可以接触到更多元的信息。但这种广泛的信息传播也带来了一些挑战，如信息真实性的问题、网络安全问题等，需要人们以更加理性和批判性的态度来对待和使用智能媒体。

（三）交流方式更加多样化

在智能媒体的环境中，人们的交流方式不再仅仅局限于传统的文字，图像、音频、视频等多媒体形式让信息传播变得更加丰富和直观。这些新的交流方式有其独特的优势，它们以更加生动和感性的方式传达信息，使得人们的交流更加深入、直观和富有情感。

图像是一种非常直观的交流方式。通过图像，人们可以迅速地理解复杂的信息，无需过多的文字解释。特别是在社交媒体上，人们通过分享照片和图像，可以直观地展示自己的生活、旅行、美食等，让别人更好地了解自己的日常点滴和情感体验。这种直观的图像交流方式既提高了信息的表达力，也使得交流更加生动和真实。在新闻报道中，图像也发挥着重要的作用。通过图像，人们可以更直观地了解事件的发生过程、现场情况和人物表情。图像能够给予读者更多的感知和情感，使得新闻报道更具有冲击力和说服力；图像也可以提供更多的细节和背景信息，帮助读者更全面地了解新闻事件的背景和影响。

音频则为交流提供了一种不需要视觉参与的方式。与图像不同，获取音频信息不需要视觉参与，因此音频可以让人们在进行其他活动时也能获取信息。特别是在忙碌的生活中，音频媒体如音频书籍和播客，让人们可以随时随地享受阅读和学习的乐趣。音频媒体的便利性使其成为人们日常生活中的重要伴侣。人们可以在驾驶、健身、做家务等活动中，通过耳机或扬声器收听音频内容，如有声书、新闻播报、访谈节目等。这种形式的交流让人们能够同时进行其他活动，提高了时间的利用效率。音频媒体还能满足用户对多样化内容的需求。通过订阅不同主题的播客，人们可以获取各种领域的专业知识、参与兴趣爱好的讨论、接受心理健康指导等。音频内容的多样性和灵活性，使其成为人们获取信息和娱乐的重要渠道。

视频则结合了图像和声音的优点，是一种非常强大的交流方式。在教育领域，通过教学视频，学习变得更加直观和生动。学生可以通过观看视频，直观地了解实验过程、解决问题的方法，甚至参与实践活动。这种交流形式让学习更加灵活和富有趣味性，提高了学习的效果和效率。直播视频是另一个受欢迎的视频应用。通过直播视频，人们可以实时参与到一个事件中，感受现场的氛围。无论是体育比赛、音乐演出、新闻

报道还是社交活动，直播视频都能将人们连接在一起，让他们能够远程观看、互动和共享体验。这种形式的交流带来了更广泛的参与和社交互动，丰富了人们的娱乐和社交生活。

二、智能媒体对社会公众舆论的影响

（一）使信息传播更加迅速和广泛

智能媒体的出现，特别是社交媒体的普及，使得信息传播的速度和广度都得到了前所未有的提升。公众可以在短时间内获取大量的信息，并可以迅速传播给自己的社交网络，这使得一些重要的社会问题和事件能够迅速引起公众的注意，从而形成强大的舆论压力。智能媒体也让远离主流媒体视线的弱势群体有了发声的机会，这在很大程度上增强了舆论的多样性和包容性。

（二）提供了新的舆论生产机制

智能媒体的兴起提供了一种去中心化的舆论生产机制，使得公众能够直接参与到舆论的形成中来。智能媒体为公众提供了自由表达的平台，公众可以通过文字、图片、视频等多种形式，传达自己的观点、情感和体验。这种开放性的交流环境使得舆论的生产更加广泛和多样化，不再受制于传统媒体的编辑和选择。智能媒体的社交互动功能使得公众能够参与到舆论的讨论和辩论中来，公众可以通过点赞、评论、分享等方式与他人互动，表达自己的赞同、异议和补充意见。这种互动性的舆论生产机制促进了信息的交流，增强了舆论的多样性和包容性。

（三）改变了舆论的传播路径

智能媒体的出现改变了舆论的传播路径，使其从传统的媒体主导转变为公众参与的网络式传播。在传统媒体中，舆论的传播路径是由媒体机构决定的，媒体机构发表观点或报道事件，公众通过媒体接受这些信息。然而，随着智能媒体的兴起，每个人都可以成为信息的传播者和舆论的发声者。通过博客、论坛、微博等渠道，公众可以直接表达自己的观点，与他人交流和互动。这种去中心化的传播方式打破了传统媒体的垄断地位，使得舆论的传播更加多元化和开放化。

但是，智能媒体所带来的新的舆论传播路径也面临一些挑战和问题。一方面，随着信息的快速传播，一些错误的信息、虚假的观点和谣言也可能迅速扩散，对社会产生负面影响。因此，公众需要具备辨别信息真伪的能力，媒体和平台也需要加强信息的审核和管理。另一方面，智能媒体的传播路径往往呈现出分散化和碎片化的特点。每个人都可以选择自己感兴趣的内容和观点，形成了个性化的信息过滤器。这可能导致信息的局限性和偏见，公众需要保持多元的信息来源，避免陷入信息的“过滤气泡”。

（四）可能加剧舆论的极化

信息茧房效应，也被称为滤泡效应，是指人们在互联网上的信息获取被个性化推荐算法“过滤”后，常常只能看到符合自己既有观点和兴趣的信息，而接触不到或很少接触到不同的、有挑战性的信息。这是因为智能媒体的推荐算法通常会根据用户的历史行为和喜好，推荐与之相似或相关的内容。在这种情况下，人们容易陷入自我确认的陷阱，即人们会过于相信自己的观点是正确的，而忽视或贬低与自己观点不同的信息。这种现象在舆论形成中的影响尤为明显，因为人们往往只接触到与自己观点一致的信息，他们很可能会将自己的观点视为主流观点，从而过度确定自己的立场。这种过度确定性会导致人们对持有不同观点的人缺乏理解和接纳，进而加剧舆论的极化。当人们无法接纳不同的观点时，就很难进行有效的沟通和对话，这可能会导致社会的分裂，甚至冲突。舆论的极化也会影响社会的决策过程。当决策者被极端的舆论所影响，可能会作出过于极端的决策，这对社会的稳定和发展都是不利的。

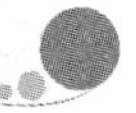

（五）提高了舆论的不确定性

由于智能媒体的去中心化特性，舆论的形成和传播方式发生了显著变化。传统媒体通常由少数几家主流媒体机构主导，它们对信息的选择和呈现具有较大的影响力。然而，智能媒体的兴起打破了这种传统格局，任何个人都有可能成为信息的发布者和传播者，导致舆论的多样性和不确定性增加。一是人们不再局限于传统媒体的报道，而可以通过博客、在线论坛、微博等渠道获取各种观点和信息。这种多元化的信息来源导致了舆论的碎片化和分散化，公众容易受到来自不同渠道的信息冲击，从而增加了舆论的不确定性。二是智能媒体促进了个体化的信息定制和筛选。智能推荐算法能够根据用户的兴趣、偏好和行为历史，为其推荐个性化的内容。这种定制化的推荐机制导致了不同用户之间信息的差异化，每个人所接收到的信息可能存在较大的差异。这种个体化的信息筛选也进一步增加了舆论的不确定性，不同个体可能对同一事件持有截然不同的观点和意见。三是智能媒体容易受到虚假信息和谣言的影响。由于信息的自由传播和广泛分享，虚假信息和谣言很容易在社交媒体上迅速扩散。这种情况使得公众在面对信息时更加谨慎，同时也增加了舆论的不确定性。公众需要具备辨别真伪信息的能力，以避免被误导和误解。

三、智能媒体对社会治理的影响

（一）提升社会治理效率

智能媒体的广泛应用使得社会治理方式正在发生革命性的改变。传统的社会治理方式往往依赖于一手信息的收集和分析，但信息的收集过程往往漫长且不精确。而现在，智能媒体可以实时收集大量的用户数据，包括用户的行为、观点和反馈等，为社会治理提供了准确且及时的信息。通过智能媒体，政府可以在第一时间获知公众的真实需求和反馈，实时掌握社会动态，这在传统的社会治理方式中是难以实现的。例如，一项政策的推行效果，过去需要通过问卷调查、民意调查等方式进行反馈收集，过程耗时且效率低下。而通过智能媒体，政府可以在政策推行后立即获取公众的反馈，了解政策执行的实际效果，及时调整政策策略。智能媒体还有助于提高公众对社会治理的参与度。智能媒体提供了一个低门槛、高效率的沟通平台，公众可以通过智能媒体向政府反映问题、提出建议。这种互动性强、反馈及时的沟通方式，增强了公众的参与意识，提高了社会治理的民主性。

（二）加强公众参与

智能媒体提供了一个开放和多元的平台，让公众可以自由表达观点和意见。通过微博、在线论坛和博客等渠道，公众可以发表自己的看法，参与到各种社会议题的讨论中。这种开放性的平台增加了公众的参与意愿，也促进了公众之间的交流和对话，形成了更加多元的观点和声音。通过参与投票、调查和在线问答等活动，公众可以直接参与决策和问题解决过程。政府和相关机构可以通过智能媒体收集公众的意见和建议，从而更加准确地了解公众需求和关切。这种及时的反馈和互动，有助于建立公众与政府之间的信任和合作关系。

（三）推动数据驱动的决策

在智能媒体的助力下，我们正在迈向一个数据驱动的社会治理时代。大数据和人工智能的应用，使得政府可以通过对智能媒体产生的海量数据的深入分析，来理解社会态势，作出科学决策，提高决策的准确性和有效性。智能媒体的每一次互动都会产生数据，这些数据是描绘社会现象的宝贵资源。政府可以通过对这些数据的深度挖掘和分析，得到反映社会现状和变化的关键信息，如公众对某项政策的态度、公众的需求变化、社会热点事件的发展趋势等。这些信息有助于政府了解民众的真实需求和想法，以便在决策时作出更加科学和合理的选择。通过对智能媒

体数据的分析，政府还能够预测社会变化趋势。比如，通过对社交媒体上的公众情绪数据的分析，政府可以预警可能出现的社会问题，提前做好准备，减少负面影响。这对于政府进行社会治理，尤其是应对复杂、变化快速的社会问题，具有巨大的价值。

尽管数据驱动的决策在提高社会治理效率和精准性方面发挥了重要作用，但也需要注意其带来的挑战和风险。如何确保数据的准确性和可靠性，如何在数据采集和使用过程中保护公众的隐私权，如何避免数据的滥用和偏见，都是需要重视和解决的问题。因此，伴随着数据驱动决策的广泛应用，需要有相应的法律法规和道德规范进行监督和指导，以确保其科学、合理、公正的使用。

四、智能媒体对社会伦理道德的影响

（一）个人隐私保护的挑战

通过智能设备、社交媒体、在线服务等渠道，个人信息不断被记录和分析。这些信息包括个人身份、兴趣偏好、行为习惯等，具有很高的敏感性和私密性。然而，个人对于自己信息的控制能力相对有限，很难预测和控制个人信息被如何使用和传播。个人信息的存储和传输需要依赖互联网和计算机系统，这些系统有可能存在安全漏洞或被攻击。一旦个人信息被泄露，可能导致身份盗窃、隐私侵犯等问题，给个人和社会带来严重的损失。智能媒体的个性化推荐和广告定向也给个人隐私保护带来了挑战。通过对个人信息的分析和挖掘，智能媒体可以精确地为用户推送内容和广告，提供个性化的用户体验。然而，这也意味着个人的行为和偏好会被持续追踪和记录，个人隐私得不到充分的保护。

（二）数据安全和数据滥用的问题

当今的智能媒体平台，如社交网络、在线购物网站、新闻推送平台等，都在积累大量的用户数据。用户的个人信息、网络行为、购物习惯、阅读偏好等都被记录和分析。这有利于为用户为提供个性化服务，但同时也为数据滥用提供了可能。例如，用户的数据可能被用于非法的目的，不法分子可以通过网络攻击获取用户的个人信息，并用这些信息进行欺诈和骚扰。在这种情况下，用户的隐私权和财产权将会受到侵害。数据的误用也可能会导致不公平和歧视。比如，某些公司可能根据用户的消费记录和信用记录来决定是否提供服务或者提供何种服务。这种基于数据的决策可能会导致一些用户无法享受到应有的服务，或者需要付出比其他用户更高的代价来获取服务。这不仅可能加剧社会的不公平，而且可能引发一些人对社会的不满。

（三）信息真实性和信息公正性的问题

在传播速度和广度都大幅提升的今天，假新闻和误导性信息可以短时间内在极大的传播范围内传播。这些信息可能会导致公众对重要问题的理解出现偏差，误导公众的判断和行为。例如，关于疾病、科学研究、政治事件等领域的假新闻，可能导致公众对相关问题产生错误的认识，进而作出不利于自身和社会的决策。智能媒体的个性化推荐机制也可能加剧信息茧房效应。这种效应是指，由于个性化推荐的存在，用户往往只能看到与自己观点相符、喜好相似的信息，难以接触到不同的观点和信息。这可能会导致观点的单一化，削弱社会的多元性，甚至可能加剧社会的分裂。

（四）人工智能伦理问题的挑战

智能媒体中广泛应用的人工智能技术给伦理问题带来了新的挑战。其中，人工智能的决策过程的不透明性是一个重要问题。由于人工智能算法的复杂性和黑盒性质，人们很难准确理解其决策的具体原因和依据，这就引发了关于决策公正性和公平性的担忧。在某些情况下，人工智能的决策可能受到数据偏见的影响，导致不公正的结果。因此，如何确保人工智能的决策过程是可解释的、可验证的，并遵循公正和公平的原则，

是一个重要的伦理问题。另一个伦理挑战是人工智能的自主性带来的责任归属问题。人工智能系统在执行任务时往往具有一定的自主决策能力，而这些决策可能对人类产生重大影响。当人工智能系统作出的决策出现问题或导致损害时，如何确定责任归属成为一个复杂的问题。由于人工智能的自主性，责任可能分散在多个参与者之间，包括算法开发者、数据提供者、系统操作者等，因此，需要建立相关法律和伦理框架来解决责任归属问题，明确各方的责任和义务。

第二节　智能媒体对文化的影响

智能媒体作为当今数字时代的重要组成部分，对文化产生了深远的影响，如图 4-2 所示。它改变了文化的传播方式和观众的参与方式，也为本土文化传播、艺术创作和教育带来了新的挑战和机遇。

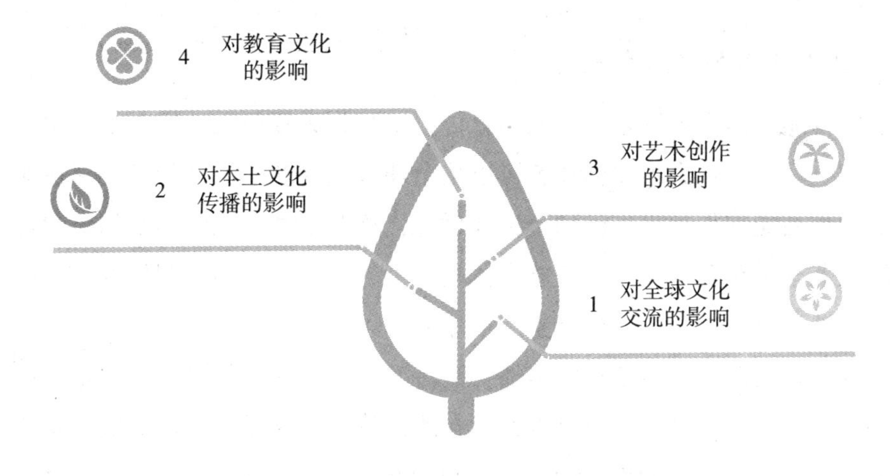

图 4-2　智能媒体对文化的影响

一、智能媒体对全球文化交流的影响

（一）促进了文化交流与渗透

智能媒体为文化交流提供了更加便利和直接的渠道。通过社交媒体平台，人们可以发布和分享各种文化内容，如音乐、舞蹈、绘画、文学作品等。这样的分享促进了文化的传播和交流，让人们可以更好地了解其他文化的特点、价值观和传统，人们也能通过互动和讨论，增进对其他文化的理解和尊重。智能媒体的普及也加速了文化的全球化进程。通过在线平台，人们可以接触到来自世界各地的文化产品和创意。音乐、电影、文学作品等跨文化的艺术作品可以在全球范围内迅速传播和抵达受众。这种全球化的文化交流促进了不同文化之间的相互渗透和融合，丰富了人们的文化体验和视野。此外，智能媒体也为跨国文化交流提供了平台，通过虚拟现实技术和在线会议工具，人们可以参与跨国文化活动、会议和展览。这种实时的、虚拟的互动方式为人们提供了更加身临其境的体验，突破了地理和时间的限制，使得跨国文化交流更加便捷和广泛。

（二）推动文化创新

智能媒体作为一种强大的信息传播工具，无疑极大地扩大了文化创新的空间。这既表现在创作者可以从全球范围内获取灵感，又表现在他们的作品能够得到更广泛的传播和讨论，这对全球文化的不断创新和发展起着至关重要的作用。智能媒体提供了一个平台，使得创作者能够更容易地接触到全球的文化元素。创作者可以在互联网上看到来自世界各地的文化表现，这些信息的传播对于激发创作者的创新灵感具有重要作用。比如，一个电影导演可以通过在线观看各个国家和地区的电影获得灵感，从而在自己的作品中融入不同的文化元素；同样，一个作家也可以通过阅读全球范围内的文学作品，开阔自己的视野，丰富自己的创作素材。在过去，一个作品能够触及的受众范围受到很多限制，如地域、

语言、文化背景等，而智能媒体扫除了这些障碍，使得创新作品可以迅速传播到全球各地。这不仅意味着作品能够得到更多的关注和赞誉，也意味着作品可以引发更广泛的讨论和思考，从而促进文化的交流和创新。智能媒体也改变了文化创新的过程。以前，创作者需要通过出版社、电影公司等传统媒体机构将他们的作品呈现给公众，而现在，创作者可以直接在智能媒体上发布他们的作品，这意味着他们可以更直接、更快速地获得公众的反馈，这对于他们改进作品、提高创作水平具有重要作用。

（三）改变文化消费方式

智能媒体的出现改变了人们的文化消费方式，引入了新的媒介和技术，使得文化的获取和体验更加便捷和多样化。电子书、在线视频和音乐平台等数字化的媒体平台为人们提供了大量的文化产品，使得阅读、观看和聆听变得更加便捷和灵活。人们可以通过智能手机、平板电脑或电子阅读器随时随地阅读书籍、观看电影、听音乐，无须携带大量实体媒体。智能媒体还为用户提供了个性化推荐和定制化服务，根据用户的兴趣和偏好推荐相关的文化内容，提升了消费体验的个性化和精准度。虚拟现实和增强现实技术的发展也为文化消费带来了全新的体验。人们可以通过虚拟现实技术沉浸在虚拟的艺术展览、历史场景或游戏世界中，获得逼真的视觉和听觉体验。增强现实技术则将虚拟内容与现实世界相结合，使得人们可以通过手机或智能眼镜在现实环境中体验虚拟的文化内容。

虽然智能媒体为文化消费带来了许多便利和新的体验，但是我们也需要认识到其中存在的一些问题和挑战。过度依赖智能媒体可能导致人们失去直接感受和体验文化的机会。虽然数字化的媒体平台可以提供大量的文化内容，但它们无法完全替代亲身参与和互动的体验，如实地参观博物馆、观赏舞台剧或参加艺术活动等。智能媒体也带来了信息过载和注意力分散的问题，人们在浏览文化内容时容易受到干扰，难以集中注意力和深入理解。因此，我们在享受智能媒体带来的便利和多样性的同时，也要保持对传统文化消费方式的重视和尊重。要倡导多元化的文化消费，鼓励人们通过多种方式获取和体验文化，既可以利用智能媒体平台，也要注重亲身参与和面对面的交流与体验。

二、智能媒体对本土文化传播的影响

智能媒体对本土文化传播的影响是复杂而深远的。一方面，它提供了一个广阔的平台，使得本土文化可以被更多人所知晓和理解；另一方面，它也可能引发一些问题和挑战，如文化同质化、文化割裂等。

（一）智能媒体成为本土文化传播的强大工具

智能媒体的出现大大扩大了本土文化传播的范围，提升了本土文化传播的速度。在传统媒体中，本土文化的传播往往受到地理、语言等各种因素的限制。而智能媒体打破了这些限制，让人们可以轻易地获取并了解到各个地方的文化。例如，通过智能媒体，人们可以轻易地了解到中国的茶文化、印度的瑜伽文化等。智能媒体的信息推送和推荐算法让用户更方便地发现和接触到新的文化元素。而且，由于其实时性和互动性，用户可以即时得到关于本土文化的反馈和解答，增强对本土文化的理解和接纳。更重要的是，智能媒体让每个人都有可能成为本土文化的传播者。在传统媒体中，传播本土文化的通常是权威的文化机构或者专业的学者。而智能媒体让每个人都有机会分享他们对本土文化的理解和体验，使得本土文化的传播更加民主化，也更加生动和真实。

（二）智能媒体可能使本土文化同质化

智能媒体的算法推荐往往偏向于用户已经接触和喜欢的内容，这样的算法设计让用户更多接触到与本身观念相符的文化内容，缺乏对多元文化的了解和接纳。长期下来，可能使得各地的文化越来越趋同，失去各自的特色。受经济全球化趋势的影响，一些全球性的流行文化如美国的好莱坞电影，通过智能媒体的快速传播，对本土文化产生了强大的影

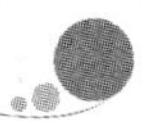

响，可能会压缩本土文化的生存空间，使其逐渐丧失活力，最终导致文化的同质化。除此之外，智能媒体中的内容创作者，在创作过程中为了吸引更多的关注，有时会倾向于使用更为通俗易懂、全球化的元素，而忽略了本土文化的独特性。这种现象如果广泛存在，也可能加剧文化同质化的趋势。

（三）智能媒体可能使本土文化发生割裂

智能媒体的全球化特性使得主流文化更容易被传播和接受。全球性的社交媒体平台和视频流媒体服务为用户提供了大量来自全球各地的文化内容，主流的国际化文化产品往往更容易获得关注和传播。这可能导致本土文化的相对边缘化，因为在竞争激烈的市场中，本土文化往往难以与国际化的主流文化竞争。智能媒体的个性化推荐算法也可能导致本土文化的割裂。个性化推荐算法根据用户的兴趣和偏好，为用户提供符合其口味的文化内容。然而，这种个性化推荐往往侧重于推荐热门和大众化的文化产品，而忽视了本土特色和非主流文化。这可能导致本土文化的较小群体在智能媒体中的曝光度较低，难以获得足够的关注和支持。而智能媒体的碎片化特点同样可能削弱本土文化的传承和连贯性。在智能媒体时代，人们往往通过碎片化的方式获取信息和娱乐，如短视频、社交媒体帖子等。这使得人们的注意力分散，对于深入理解和欣赏本土文化的长篇作品或传统表演形式可能存在困难。这种碎片化的文化消费模式将会使本土文化的传承和连贯性受到影响。

三、智能媒体对艺术创作的影响

（一）提供了新的创作工具和平台

过去，艺术创作依赖于具体的物理工具和设备，如画笔、颜料、乐器等。这些工具不仅昂贵，而且需要特定的技能和经验才能使用。然而，智能媒体的出现打破了这种局面。现在，艺术家可以使用数字画笔，在屏幕上画出丰富多彩的画作，无须担心颜料的成本和清理工作；音乐家可以使用音乐制作软件，创作出复杂的乐曲，无须购买昂贵的乐器。这些智能工具降低了艺术创作的成本，并使艺术创作变得更加便利和灵活。智能媒体也改变了艺术作品的展示方式。在过去，艺术作品的展示往往受限于具体的空间，如画廊、剧院等，观众群体相对较小。然而，随着社交媒体、在线展览等平台的出现，艺术家可以非常便利地将自己的作品展示给全世界的观众。这使艺术作品能够发挥更强大的影响力，还能为艺术家与观众的互动提供全新的可能。

换言之，智能媒体为艺术创作提供了新的工具和平台，大大扩展了艺术的可能性。它使艺术创作变得更加便利、更加民主化，艺术家和观众之间的交流也变得更加直接和深入。可以预见，随着智能媒体的不断发展，它将在艺术创作中扮演越来越重要的角色。

（二）推动了跨领域的艺术创新

智能媒体的发展开启了艺术创新的新篇章。传统的艺术领域，如绘画、雕塑、音乐等，长期以来一直有自己的创作规则和边界。然而，智能媒体打破了这些规则和边界，使艺术创新走向了跨领域的道路。在智能媒体的推动下，各个艺术领域开始相互融合、互相借鉴，产生了全新的艺术形式。比如，视觉艺术和音乐的结合，产生了音乐视频这种新的艺术形式；视觉艺术、音乐和编程的结合，产生了数字艺术、交互艺术等新兴艺术形式。这些新兴艺术形式结合了多种元素，因此具有更强的表现力和吸引力。这种跨领域的艺术创新既为艺术家提供了新的创作空间，也为观众提供了全新的观赏体验。艺术家可以通过智能媒体来表达自己的创新思想，观众也可以通过智能媒体来欣赏这些创新艺术作品。这种互动性使得艺术创新成为一种共享的体验，进一步推动了艺术的发展。

在未来，随着智能媒体技术的不断发展和完善，跨领域的艺术创新将会越来越多，艺术的边界将会越来越模糊。这将为艺术创新提供更大

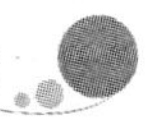

的空间，使艺术走向更广阔的未来。

（三）促进了艺术的民主化

传统的艺术创作往往需要高昂的设备费用和专业的技能训练，而智能媒体提供的各种创作工具，如数字画笔、音乐制作软件等，使得任何人都可以在自己的设备上进行艺术创作。这不仅大大降低了艺术创作的门槛，也使得更多的人能够参与到艺术创作中来。在过去，艺术作品的欣赏往往需要去艺术馆或者音乐厅；而现在，人们只需要通过智能设备，就可以欣赏到来自世界各地的艺术作品。这种便捷性大大增加了艺术的受众群体，使得艺术能够触达更广泛的人群。更重要的是，智能媒体的开放性使得艺术的创新能够源于更广泛的群体。在过去，艺术创新主要源于专业的艺术家；而现在，任何人都可以通过智能媒体分享自己的艺术作品，引发新的艺术思潮。这种民主化的创新模式使得艺术的发展更为多元和活跃。

（四）可能威胁到艺术的原创性

在艺术创作过程中，技术工具的使用是无可避免的，但是，过度依赖技术工具可能会削弱艺术的原创性。一些创作者可能会被各种预设的模板和自动生成的工具所吸引，忽视了艺术的核心是表达自我，反映个体独特的视角和感受。这种现象在一些智能媒体平台上尤其明显，如一些社交媒体上的滤镜、编辑软件等，往往鼓励创作者使用预设的模板，这可能会导致艺术作品缺乏个性和原创性。

另外，智能媒体的快速传播机制也是智能媒体时代艺术发展面临的一个挑战。在智能媒体平台上，热门和流行的内容往往能够获得更多的关注和分享，这可能会驱使一些艺术创作者过度追求热门和流行，而忽视了艺术的深度和个性。这不仅会影响艺术作品的质量，也可能导致艺术领域的同质化，削弱艺术的多样性和创新性。

（五）可能引发版权问题

由于艺术作品的数字化和智能媒体的普及，任何人都可以轻易地复制和分享艺术作品，甚至在全球范围内进行传播。因此，艺术家的权益往往难以得到保障，他们的作品可能在没有得到任何经济回报的情况下被广泛使用，甚至被盗版。这对艺术家的生计构成了威胁，也对艺术的创新和发展产生了负面影响。智能媒体环境下的版权保护面临着许多挑战。由于智能媒体的匿名性和边界性，确定侵权行为和追责往往困难重重。不同地区的版权法律也存在差异，这使得跨国的版权保护更加复杂。此外，智能媒体上的用户生成内容，如二次创作、翻唱、翻译等，也给版权界定带来了新的挑战。

四、智能媒体对教育文化的影响

（一）转变教育方式

在传统的教育方式中，学生通常集中在一个教室内，由教师按照预定的课程进度和内容进行教学。但是这种方式对于很多学生来说可能并不是最有效的学习方式，因为它很难同时满足所有学生的学习需求和进度要求。并且这种方式也受到地理和时间的限制，使得许多在远程地区或者因为其他原因无法到校的学生无法接受教育。

智能媒体的出现改变了这一局面。网络课程的出现使得学生可以根据自己的时间和进度安排学习。这种方式消除了地理和时间的限制，也更好地满足了学生的个性化学习需求。学生可以根据自己的理解能力和时间安排选择合适的学习进度，而不需要担心跟不上或者超过教师的教学进度。在社交媒体上，学生可以参与各种与教育相关的讨论和活动，与其他学生交流学习经验，甚至与教师进行线上交流。这种方式增强了学生的主动学习意识，提高了学习的互动性，使得学习过程更加有趣和生动。

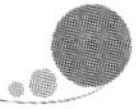

（二）个性化教育的推进

个性化教育，即因材施教，是教育改革的重要方向。这种教育方式强调根据每个学生的兴趣、能力和学习进度来进行教学，以提高学习效率和兴趣。智能媒体在推动个性化教育方面具有巨大潜力。智能媒体能够收集并分析学生的学习数据，为个性化教学提供依据。通过对学生在网络课程中的学习行为、测验成绩、作业提交等数据的分析，教师或者教育软件可以识别出学生的学习难点和兴趣，从而为他们提供更适合的教学资源和学习策略。例如，对于那些在数学方面表现不佳的学生，教育软件可以推荐更多与数学相关的练习和教学视频，帮助他们提升数学能力。智能媒体还可以帮助教师进行个性化教学。通过智能媒体，教师可以更方便地跟踪和了解每个学生的学习情况，从而能够针对性地给予指导和帮助。例如，教师可以通过在线教育平台查看每个学生的作业和测验情况，了解他们的学习难点，然后在课堂上或者在线上进行针对性的讲解和指导。

（三）拓宽知识获取的渠道

智能媒体提供了丰富的在线教育资源，包括公开课、网络讲座、教育视频、电子书等，学生在任何时间、任何地点获取知识。例如，众所周知的 Coursera 和 edX 等在线教育平台，提供了世界各地一流大学的公开课程，学生可以按照自己的节奏学习，并在完成课程后获得证书。这种方式打破了地域限制，让更多的人能够接触到高质量的教育资源。智能媒体通过社交网络和在线社区，使得人们可以更容易地与他人交流和分享知识。例如，人们可以在社区如 Quora、Reddit 等平台上提问、回答问题，或者在专业的学术论坛上分享最新的研究成果和见解，这些都为知识的获取提供了全新的方式。面对快速发展的科技和社会环境，个人需要不断学习和更新知识，以适应不断变化的环境。智能媒体如科技新闻网站、学术数据库等，提供了实时的信息和最新的研究成果，使人们可以及时获取最新的知识和信息。

（四）改变教育评价方式

传统的教育评价方式往往难以反映学生的个性化需求和差异化发展，而智能媒体能够通过收集和分析大量的数据，更准确地反映每个学生的学习进度和学习情况。例如，通过分析学生在在线学习平台上的学习行为，教师可以了解到学生的学习习惯、学习弱点等信息，从而给出更具个性化的反馈和建议。除了传统的考试和作业成绩，教师还可以通过学生在社交媒体、在线讨论等活动中的表现，对学生的团队协作能力、批判性思考能力等软技能进行评价。这种多元化的评价方式有助于更全面地评价学生的能力，也能够鼓励学生发展多元化的技能。智能媒体还使得实时评价成为可能。传统的评价方式往往需要等到期末考试或者作业批改后，学生才能得到反馈，但智能媒体可以通过实时监控和分析，让学生及时了解到自己的学习情况，从而更好地调整学习策略。

（五）推动教育公平

1.智能媒体突破了空间和时间的限制

过去，教育必须在固定的时间、固定的地点进行，这对于很多偏远地区和弱势群体的学生来说，是一个无法逾越的障碍。他们由于地理位置的限制，无法接触到城市和发达地区的优质教育资源，他们的教育机会往往会受到限制。现在，教师可以通过网络平台，无论身处何地，都可以对全国，甚至全世界的学生进行教学。学生也无须再受制于地理位置，只须有稳定的网络连接，就可以接触到来自全球各地的优质教育资源。这无疑极大地增加了偏远地区和弱势群体的教育机会。

智能媒体还突破了教育的时间限制。过去，学生必须在固定的时间接受教育，而现在，学生可以根据自己的时间安排，随时随地进行学习。他们可以利用课余时间，甚至是旅途中的时间，通过智能设备进行学习。这种时间上的灵活性，能够让学生更加自主地安排自己的学习时间，也为他们提供了更多的学习机会。

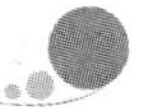

2. 智能媒体可以优化教育资源

在传统的教育模式下，学生通常在一间教室里面，由一位教师进行面对面的教学。这种模式虽然能够保证教师和学生之间的直接互动，但是也受到了很多实际因素的限制，如教室的容量、教师的精力等，因此，优质的教育资源往往无法得到有效的扩散和应用。智能媒体的出现和应用，使得教师可以通过网络平台，对全国甚至全世界的学生进行教学。这种方式不受地点和时间的限制，教师可以服务于更多的学生，从而极大地提高了教育资源的利用效率。例如，通过在线教育平台，一门课程可以同时让成千上万的学生参与，远超过了传统教室的容量。而且，这些课程可以进行录制，学生可以根据自己的进度和需求反复观看，从而保证了学习的效果。智能媒体还可以通过大数据和人工智能等技术，对教育资源进行优化。例如，通过分析学生的学习数据，平台可以根据学生的个性化需求，提供定制化的学习内容和路径，提高教育的效率和效果。

3. 智能媒体的个性化助推教育公平

智能媒体可以通过收集和分析学生的学习数据，对每个学生的学习情况进行深度分析和理解，然后根据分析结果为每个学生提供个性化的学习路径和学习内容。例如，对于学习能力较强的学生，可以推荐更高级、更深入的学习内容；而对于学习能力较弱的学生，可以提供更易理解、更有趣味性的学习内容，也可以提供更多的学习辅导和帮助。这样，每个学生都能在适合自己的节奏和方式下进行学习，大大提高了学习的效率和效果。由此可见，智能媒体有助于实现教育公平，让每个学生都能享受到适合自己的、优质的教育资源，无论他们的学习能力、背景或者地域如何。这对于缩小教育差距、提高整体的教育水平有着重要的意义。

第三节　智能媒体对经济的影响

智能媒体对经济的影响是不可忽视的。它在广告、娱乐、信息服务和数字经济等领域都发挥着重要作用，如图 4–3 所示。智能媒体的发展和普及，推动了广告经济的转型和创新，提升了娱乐产业的发展水平，改变了信息服务的传播方式，也推动了数字经济的蓬勃发展。智能媒体为经济带来了新的机遇和挑战，对于经济发展和创新具有重要的推动作用。

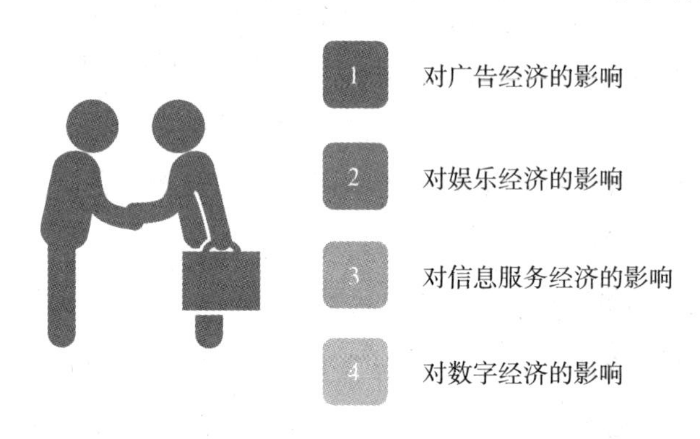

图 4–3　智能媒体对经济的影响

一、智能媒体对广告经济的影响

（一）提升广告投放的精准度

在现代的广告投放中，智能媒体无疑是一种有效的工具。通过分析用户的在线行为和消费习惯，智能媒体能够帮助广告主更精准地找到目标用户，制定出更符合用户需求的广告策略。从这个角度来看，智能媒体对广告投放的影响是显著的，对广告经济的提升有着重要的推动作用。广告投放的精准度表现在三个方面。

1.用户定位

通过大数据和算法，智能媒体能够获取用户的各种信息，如年龄、性别、职业、地理位置等，这些都是广告主选择目标用户的重要依据。比如，一款针对青少年的游戏广告，通过智能媒体可以直接投放到喜欢游戏的青少年用户手中，大大提高了广告的有效性。

2.用户画像分析技术

智能媒体的用户画像分析技术大大提升了广告投放的精准度。通过分析用户的浏览记录、搜索记录、购物行为等数据，智能媒体可以描绘出每个用户的详细画像，从而使广告主能够对用户的需求有更深入的了解。这样，广告主可以根据每个用户的特性制定个性化的广告策略，使广告更符合用户的实际需求，提高广告的吸引力和转化率。

3.时间选择

通过分析用户的在线时间、活跃时间段等信息，广告主可以选择在用户最活跃的时间段投放广告，以提高广告的曝光率和点击率。通过跟踪用户的浏览和点击行为，智能媒体还可以实时调整广告投放策略，以实现最优的广告效果。

智能媒体的应用不仅提高了广告的有效性，提升了广告转化率，也提高了广告投放的效率，对于广告主、用户和媒体平台来说都是有益的。从这个角度看，智能媒体对广告经济的影响是深远的，它正在重塑广告行业的规则和模式，推动广告经济的持续发展。

（二）推动广告行业的创新发展

智能媒体已经变革了广告行业，它通过精准定位提高了广告效果，也推动了广告形式和业务的创新发展。从根本上来说，这种创新是由智能媒体的独特性决定的。智能媒体具有高度的个性化、互动性和实时性，使得广告可以从一个单向的、打断用户行为的形式转变为一种可以融入内容、吸引用户参与的形式。

在形式上，智能媒体允许广告采取各种创新的方式出现在用户面前。比如，社交媒体上的广告常常以故事、短视频或直播的形式出现，而不再是传统的、固定的广告形式。这样的广告更能吸引用户的注意，因为它们看起来更像是内容的一部分，而不是打断用户的一种手段。广告还可以是互动的，用户可以通过点击、评论或分享参与到广告中来，使广告的影响力进一步增强。

在业务上，智能媒体也带来了很大的变革。过去，广告主需要通过各种不同的渠道投放广告，包括电视、报纸、广播等。而现在他们可以通过一个平台，如 Google Ads 或 Facebook Ads，一次性覆盖多个渠道，包括网站、应用、搜索引擎以及社交媒体。这极大地提高了广告投放的效率，节省了广告主的时间和精力。智能媒体还可以实时追踪广告的效果，提供包括点击率、转化率、用户反馈等在内的详细数据。这使得广告主可以根据实际效果及时调整广告策略，实现最优的广告效果。

形式和业务上的创新，使得广告可以更好地服务于广告主和用户，提高了广告的有效性和影响力。从长远来看，智能媒体将继续推动广告行业的创新和发展，塑造新的广告经济。

（三）挑战传统广告模式及相关问题

传统的广告模式往往基于广泛投放的策略，即广告主通过报纸、电视、广播等渠道，向尽可能多的受众发送广告信息，然后等待其中的一部分受众产生购买行为。随着智能媒体的出现，这种“打炮灰”式的广告投放方式逐渐失去了效果。因为智能媒体可以收集和分析大量的用户数据，精准地判断出用户的需求和兴趣，从而实现精准投放。相比于传统的广告模式，这种新的广告模式可以更高效地将广告信息传达给目标用户，大大提高了广告的转化率。

然而，智能媒体在变革广告模式的同时也带来了一些问题。一方面，这种基于数据的广告模式可能会对用户的隐私造成威胁。为了实现精准投放，广告主需要收集大量的用户数据，这可能包括用户的个人信息、

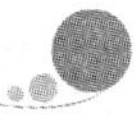

浏览记录、购物习惯等，如果这些数据被不当使用或泄露，可能会对用户的隐私造成伤害。另一方面，智能媒体可能会加剧市场的不平等。由于智能媒体的投放方式需要大量的数据支持，那些拥有大量数据的大公司可能会占据优势，而小公司则可能难以与之竞争。这将会导致市场的集中度进一步提高，影响市场的健康发展。对于广告主和媒体平台来说，如何在实现精准投放的同时，兼顾用户隐私、防止信息过载、保持市场公平，将是它们需要解决的重要问题。

二、智能媒体对娱乐经济的影响

（一）加速娱乐内容的数字化进程

在传统媒体时代，娱乐内容，如电影、音乐、图书等，大多需要通过实体形式进行分发，这种方式不仅成本高昂，而且分发效率低下。然而，智能媒体的出现，使得娱乐内容可以通过数字形式进行传播，大大降低了分发成本，提高了传播效率。比如，人们现在通过各种流媒体平台，在家里就能看到最新的电影，或者听到最新的音乐。数字化还提高了娱乐内容的可获取性。在传统媒体时代，人们获取娱乐内容的方式受到很多限制，如电影需要去电影院观看，音乐需要购买 CD，图书需要去书店购买或者到图书馆借阅。而在智能媒体时代，只要有网络连接，人们就可以随时随地获取各种娱乐内容。

娱乐内容的数字化进程同样面临一定的挑战，例如，数字化使得娱乐内容的盗版变得更加容易，这对创作者的权益构成了威胁。随着娱乐内容的获取变得越来越方便，人们可能会过度消费娱乐内容，这将会对他们的生活产生负面影响。例如，过度观看电影或者电视剧可能会导致人们忽视学习和工作，沉溺于电子游戏可能会对人们的健康产生影响。

（二）扩大娱乐市场的覆盖范围

以往，娱乐经济的主要市场是那些人口稠密的城市和高消费群体，这是因为传统的娱乐形式，如电影院、音乐会和体育赛事等，都需要在特定的地点进行，而且票价通常不菲。随着智能媒体的发展，娱乐活动逐渐从实体空间转向虚拟空间，这大大扩大了娱乐市场的覆盖范围。智能媒体突破了地域的限制，让用户能够享受到全球各地的优质的娱乐内容。比如，流媒体平台 Netflix 就为全球的用户提供了海量的电影和电视剧，用户无论身处何处，只要有网络，就可以享受到这些内容。智能媒体降低了娱乐内容的获取成本，使得更多的人有能力进行娱乐。以前，看一场电影或者听一场音乐会可能需要花费几十甚至几百元，而现在，只需要付出一定的网络费用，就可以在家里观看各种娱乐节目。智能媒体也丰富了娱乐内容的类型和形式，满足了不同用户的需求。以前，娱乐内容大多是由专业的制作团队制作的，而现在，普通用户也可以通过智能媒体平台，如 YouTube、TikTok 等，创作和分享自己的娱乐内容。这样，每个人都可以找到符合自己兴趣和口味的娱乐内容。

这些改变极大地扩大了娱乐市场的覆盖范围，也带动了娱乐经济的发展。更多的用户意味着更大的市场，更大的市场则能够吸引更多的投资，从而推动娱乐产业的创新和发展。这些改变同样也对消费者产生了积极的影响，他们现在可以更方便、更便宜地享受到更丰富、更个性化的娱乐内容。

（三）娱乐业的分散化与个性化发展

智能媒体的出现极大地推动了娱乐业的分散化和个性化发展，这主要体现在两个方面：娱乐内容的生产和消费。

在娱乐内容的生产方面，智能媒体平台，如 YouTube、TikTok 等，赋予了用户生成内容（UGC）强大的生命力。这些平台使得每个人都有可能成为内容创作者，无论是音乐、影视、游戏，还是教育、生活、科技等各种主题，都能在这些平台上找到表达的空间。这种趋势打破了传统娱乐业中内容生产权在少数大型制作公司手中的格局，推动了娱乐业的分散化发展。

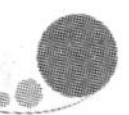

在娱乐内容的消费方面，智能媒体平台能够通过算法推荐系统，根据每个用户的喜好和行为，推荐符合其个性需求的内容。与传统的一对多的传播方式相比，这种一对一的推荐方式大大增强了娱乐内容的个性化。用户可以根据自己的兴趣选择内容，而不再是被动接受统一的娱乐节目。用户也可以通过点赞、评论、分享等互动方式，参与到内容的生成和推广中来，这进一步增强了娱乐内容的个性化和互动性。

这种分散化和个性化的发展，使得娱乐业变得更加多元和丰富。对于创作者来说，他们有了更多的创作自由和空间；对于消费者来说，他们可以享受到更加符合自己需求的娱乐内容；对于整个娱乐业来说，这种分散化和个性化的发展，扩大了市场，推动了创新，使得娱乐业能够更好地适应社会的变化和需求。

三、智能媒体对信息服务经济的影响

（一）优化信息传递的效率和效果

智能媒体如社交媒体、即时通信应用等，为信息的快速传递提供了可能。这些平台几乎能够实现实时的信息传输，无论用户身处何处，都能够即时接收到信息。这些平台还支持文本、图片、音频、视频等多种形式的信息，使得信息传递更加丰富和灵活。智能媒体还通过算法优化了信息传递的效果。例如，搜索引擎通过复杂的算法，能够准确地理解用户的搜索需求，快速地返回最相关的信息；社交媒体和新闻应用则通过推荐算法，根据用户的兴趣和行为，推荐符合用户需求的信息。

这种优化的信息传递方式，无疑提升了信息服务的效率和效果。它改变了信息服务的方式，使得信息服务更加便捷、高效。对于信息服务提供者来说，他们能够更好地满足用户的信息需求，提高服务质量；对于用户来说，他们能够更容易地获取所需信息，节省了时间和精力。

（二）开辟新的信息服务市场

智能媒体的出现和发展为信息服务经济开辟了全新的市场。其中，社交媒体、搜索引擎、新闻聚合平台等应用程序，已经成为信息服务经济中不可或缺的部分。它们改变了用户获取信息的方式，也引领了信息服务模式的创新。

1. 社交媒体

在社交媒体平台上，每一个用户的点赞、评论、分享，每一次关注和交互，都产生了海量的数据。这些数据记录了用户的喜好、兴趣、行为习惯等信息，是对用户最真实、最深入的描绘。对于广告商来说，他们可以通过分析社交媒体数据，了解用户的喜好和需求，设计出更符合用户口味的广告，提高广告的效果。而市场研究机构可以通过分析这些数据，预测市场趋势，为企业提供决策支持。政策制定者也可以通过分析社交媒体数据，了解公众的观点和需求，以便制定出更合理、更符合民意的政策。因此，社交媒体数据分析、社交媒体营销等新的信息服务领域应运而生。例如，一些企业专门提供社交媒体数据分析服务，帮助企业理解用户、优化产品；一些广告公司则专门提供社交媒体营销服务，帮助企业在社交媒体上推广它们的品牌和产品。这些新的服务领域为信息服务经济注入了新的活力，推动了其发展。

2. 搜索引擎

搜索引擎作为一种智能媒体，也催生了一系列新的商业模式。企业不再仅仅将搜索引擎视为广告的发布平台，而是开始利用搜索引擎来优化自己的产品和服务，以便在众多的信息中脱颖而出，引导潜在客户找到自己。搜索引擎优化（SEO）和搜索引擎营销（SEM）就是这种趋势的体现。搜索引擎优化是通过理解搜索引擎的排名机制，优化网站的结构和内容，使其在搜索结果中获得更好的排名。而搜索引擎营销则是通过购买搜索引擎的广告位，直接提高自己在搜索结果中的曝光率。除此之外，搜索引擎的数据也开始被广泛应用于市场预测、风险分析等领域。

人们可以通过分析搜索数据，了解用户的需求变化，预测市场趋势；也可以通过搜索数据，发现可能的风险，以便及时应对。

3. 新闻聚合平台

新闻聚合平台则通过算法为用户提供个性化的新闻推荐服务，改变了用户获取新闻信息的方式。它们通过提供更加贴合用户需求的信息，吸引大量用户的关注，从而获得广告收入。通过分析用户的阅读习惯和兴趣，也能为广告商提供更精准的广告投放服务。

（三）提高信息服务的可获取性和公平性

智能媒体无疑提升了信息服务的可获取性。在过去，获取信息往往需要经历复杂的流程，包括付费订阅、实地访问等方式。然而，智能媒体，如搜索引擎、社交媒体、新闻聚合应用等的出现和普及，为其提供了一个平台，使得各类信息能够被用户便捷地获取，不再受制于时间、地点或是个人的经济条件。互联网搜索可以帮助用户在海量的信息中迅速找到自己需要的信息，社交媒体则使人们能够实时分享和获取信息，新闻聚合应用提供了按个人兴趣定制的新闻摘要，极大地提高了信息获取的效率。

智能媒体对信息服务的公平性也有所贡献，其作用主要表现在两个层面：接触机会的公平性和信息使用的公平性。接触机会的公平性指的是每个人都有相同的机会接触到信息。在传统的信息传播模式下，如报纸、电视、广播等，受制于这些媒介本身的生产、发行成本，以及受众的地域、经济等因素，信息的接触机会并不均等。而智能媒体如网络新闻、社交媒体等，几乎没有接触的门槛，只需要一个智能设备和网络连接，就可以获取到全球的信息，大大提升了信息的接触机会的公平性。信息使用的公平性则是指每个人都有相同的机会利用信息。在智能媒体的帮助下，人们可以根据自己的需要，搜索、筛选、使用信息，不再受制于信息提供者的主导。例如，通过搜索引擎，用户可以主动搜索自己需要的信息，而不是被动地接受媒体提供的信息；通过社交媒体，用户可以主动分享、交流信息，形成多元化的信息流通方式。

四、智能媒体对数字经济的影响

（一）推动数字技术的广泛应用

智能媒体的庞大用户群体为数字技术提供了广阔的应用场景。这些用户产生的大量数据，使得大数据分析、人工智能等先进技术得以落地并发挥作用。例如，通过对社交媒体用户行为的大数据分析，可以为企业提供精准的市场营销方案；通过深度学习等人工智能技术，可以实现智能推荐、智能搜索等功能，为用户提供更个性化、更高效的服务。智能媒体对于数字技术的需求，也推动了相关技术的创新和进步。为了满足用户对高质量、高速度、高稳定性服务的需求，网络技术、存储技术、数据处理技术等都得到了快速发展。例如，为了满足大规模并发的需求，云计算、分布式技术得到了广泛应用；为了实现快速的数据处理和传输，边缘计算、5G 等技术的应用也在快速推进。智能媒体的普及还促进了数字化的生活方式在全社会范围内的推广，进一步催生了对数字技术的需求。从线上购物、远程办公，到在线教育、数字娱乐，数字技术已经深入人们日常生活的各个方面。这种趋势不仅为数字技术提供了更大的市场空间，也为社会经济的数字化转型提供了支持。

（二）创新数字产品和服务的形式

第一，智能媒体的出现改变了信息获取的方式。搜索引擎技术、算法推荐、用户画像等技术的应用，使得用户可以更方便、更快速、更精准地获取所需信息，无论是新闻资讯、学术研究还是消费决策，都得到了更好的支持。信息的展示方式也因此发生了变化，从文字、图片，到音频、视频，再到直播、VR/AR 等新型展示方式，多元化的展示方式为用户提供了更丰富、更直观的沉浸式体验。

第二，社交媒体为人际交流和社会参与提供了新的平台。通过社交

媒体，人们可以更方便地与他人交流、分享生活，形成了以用户为中心的内容生成方式。用户也可以通过社交媒体参与到各种社会活动中，如公共议题的讨论、公益活动的参与等，从而实现了社会的数字化参与。

第三，智能媒体也推动了娱乐方式的变革。从音乐、电影的在线流媒体，到游戏的在线多人对战，再到直播的实时互动，都为用户带来了全新的娱乐体验。特别是直播技术的应用，实现了用户与娱乐内容的实时互动，使娱乐体验更具参与感和真实感。

第四，在商业领域，电子商务、在线支付等技术的应用，催生了新的消费方式，也使得商业活动的运行更加高效。基于大数据、AI 等技术的精准营销，也为商业活动提供了新的手段，使得产品的推广和销售更加精准和有效。

第五，在教育领域，智能媒体的应用也引发了一系列创新。在线教育平台、慕课（MOOC）、直播授课等新型教育形式的出现，让更多的人有机会接受高质量的教育。不论是在城市还是农村，不论是在学校还是在家里，只要有网络连接，学习者就可以参加各类在线课程，获取知识。此外，智能媒体也实现了教育的个性化和灵活化。每个学习者都有自己独特的学习需求和学习进度，而在线教育可以通过个性化的课程设计和灵活的学习方式，满足不同学习者的需求。例如，学习者可以根据自己的学习进度来安排学习时间，可以反复观看难以理解的课程内容，也可以根据自己的兴趣选择课程，从而实现真正的个性化学习。

（三）数字化转型对各行业的深刻影响

在零售业，智能媒体的应用已经从线上购物平台扩展到实体店铺的智能化。越来越多的零售商开始使用智能媒体技术，如人脸识别、AR 试衣等，提升消费者的购物体验，并借助大数据和 AI 技术进行精准营销和库存管理，提升运营效率。

在娱乐业，智能媒体已经成为内容创作和分发的主流方式。短视频、直播、游戏等新型娱乐形式广受欢迎，而后台的数据分析技术则可以帮助内容创作者了解观众的喜好，制作出更受欢迎的内容。

在制造业，智能媒体也起到了重要作用。物联网技术使得生产设备、产品、物流系统等各个环节都可以互联互通，实时传输和接收数据。这种互联状态为生产过程中的监控、分析和优化提供了可能。例如，通过对设备运行状态的实时监控，工厂可以预防和提前解决可能出现的故障，从而减少停工时间，提高生产效率。而对产品使用情况的实时监控，则可以为产品改进和创新提供宝贵的数据支持。通过机器学习等技术，AI可以从大量数据中“学习”并优化生产过程，如自动调整生产参数，以适应环境变化或达到更高的生产标准。通过深度学习等技术，AI还可以实现对产品质量的自动检测和控制，从而保证产品质量的稳定和提升。

智能媒体还在医疗、农业、交通等多个行业发挥着重要作用。在医疗行业，AI诊断、远程医疗等技术大大提高了医疗服务的效率和质量；在农业中，智能化农业设备和精准农业技术可以提高农作物的产量和质量；在交通行业，无人驾驶、智能交通系统等技术则在改变着人们的出行方式。

第五章　智能媒体在不同行业的应用

第一节　智能媒体在教育行业的应用

一、智能媒体与在线教育的结合

智能媒体与在线教育的结合，催生了教育的新领域，改变了传统的教育方式，创新了教育的模式和方法。在线教育作为一种新型的教育模式，是教育信息化的重要内容，也是教育信息化的新趋势。智能媒体的广泛应用让在线教育成为可能，进一步推动了教育的现代化进程。

在传统的教育模式下，学习是在特定的时间、特定的地点进行的，教师是知识的传授者，学生是知识的接受者。智能媒体与在线教育的结合，打破了这一模式，学生可以在任何时间、任何地点通过智能媒体进行学习，获得需要的知识和信息。这种教育方式赋予学生更大的学习自主权和灵活性，他们可以根据自身的学习节奏和兴趣，在合适的时间选择适合自己的课程和学习资源。智能媒体还为学生提供了丰富多样的学习工具和互动方式，如在线视频、互动课件、在线讨论等，增强了学习的趣味性和互动性。智能媒体也对教师的角色提出了新的要求。教师不再是单纯的知识传授者，而成为学生学习过程中的指导者和引导者。他们需要引导学生有效地利用智能媒体平台，找到适合自己的学习资源，并培养学生的自主学习能力和信息素养。教师在教学中发挥更多的辅导和指导作用，关注学生的学习进展和问题解决，促进学生的深度思考和综合能力的发展。

智能媒体与在线教育的结合，也使得学习的形式更加丰富和多元。以往，学习主要是通过阅读书籍和听教师讲课进行的，但现在，通过智能媒体，学生可以通过观看教学视频，直观地了解复杂的概念和实践操作；通过参与互动游戏，在轻松愉快的氛围中巩固知识和技能；通过进行线上实验，进行虚拟的实践探索，培养实际应用能力。这些丰富多样的学习形式使得学习过程更加生动有趣，激发了学生的学习兴趣，提高了学习的吸引力。

二、利用智能媒体进行个性化教学

个性化教学是当代教育改革的重要方向，它强调根据学生的个体差异，提供针对性的教育服务。在这方面，智能媒体展现出了巨大的潜力。

第一，智能媒体可以通过数据分析和算法模型，实现学生学习特点的精准掌握。在数据收集阶段，智能媒体可以记录学生在学习平台上的一切操作，包括点击的时间、频率、位置，浏览和学习的内容，完成任务的速度，测试的答题情况等。这些数据看似琐碎，但实际上包含了丰富的信息，反映了学生的学习行为和学习情况。在数据分析阶段，智能媒体借助各种数据挖掘技术和机器学习算法，对学生的学习数据进行深度挖掘和分析。通过算法模型，从大量的数据中提取出有意义的信息，如学生的学习风格、学习兴趣、知识掌握程度等。智能媒体还可以通过对学生学习数据的深度挖掘，判断出学生的学习困难点和潜力点。学习困难点是指学生在学习过程中遇到的难题和挑战，如某个知识点的理解

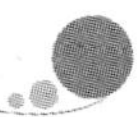

困难、某个技能的掌握困难等。了解了学生的学习困难点，教师就可以有针对性地提供教学指导，以帮助学生克服困难。学习潜力点是指学生在学习过程中表现出的优秀能力和潜能，如某个知识领域的超常理解力、某个技能的突出表现等。了解了学生的学习潜力点，教师就能够充分发掘和培养学生的潜能。

第二，基于学生的个体差异信息，智能媒体可以为每个学生提供个性化的学习资源和学习路径。智能媒体可以根据学生的知识掌握程度，提供不同难度和层次的学习资源。对于掌握程度较高的学生，可以为其提供更深入、更具拓展性的学习内容，以进一步挑战其学习能力；而对于掌握程度较低的学生，可以为其提供更基础、更易理解的学习资源，以帮助其夯实基础。这样，每个学生都能够在适合自己的学习水平上获得有效的学习支持，提高学习效果和自信心。智能媒体也可以根据学生的学习风格和偏好，提供不同形式的学习资源。不同学生有不同的学习偏好，有的喜欢通过阅读文字来学习，有的喜欢通过观看视频或听音频来学习，有的喜欢进行实践和互动。智能媒体可以根据学生的学习偏好，为其推荐符合其学习风格的资源，以提高学习的吸引力和学生的参与度。如此一来，学生可以更加愉快和有效地进行学习，更好地发挥自己的学习潜能。智能媒体还可以根据学生的学习兴趣，推荐与其兴趣相符的学习资源。学习兴趣是激发学生主动学习的重要因素之一。通过分析学生的兴趣爱好和学习历史，智能媒体可以提供与其兴趣相符的学习资源，使学习内容更加贴近学生的实际兴趣，激发其学习的动力和热情。这种个性化的学习推荐可以帮助学生更加积极主动地投入学习，提高学习的积极性和效果。

第三，智能媒体的个性化调整功能可以根据学生的学习反馈，动态调整教学过程，提供个性化的学习支持和挑战。通过分析学生的学习表现和反馈数据，智能媒体可以了解学生的学习情况，从而针对性地调整教学策略，以提供更加个性化和有效的教学。一方面，当学生遇到困难或有学习障碍时，智能媒体可以通过分析学生在学习过程中的答题情况、错误类型等信息，识别学生的弱点和困惑点，有针对性地提供相关的解释、提示或额外的学习资源，帮助学生克服困难，提升学习效果。另一方面，当学生的学习效果良好且具备挑战能力时，智能媒体可以提升学习任务的难度，进一步挖掘学生的学习潜力。通过分析学生的学习表现和进步情况，智能媒体可以判断学生的学习能力和水平，适时调整学习任务的难度和复杂度，以提供更具挑战性的学习内容，这样可以帮助学生保持学习的动力和兴趣，激发其进一步探索和学习的欲望。个性化调整还可以根据学生的学习节奏和时间安排进行。智能媒体可以根据学生的学习习惯和时间安排，调整学习任务的安排和推送，以适应学生的学习节奏和时间安排。例如，可以根据学生的学习时间段和疲劳度，合理安排学习任务的推送时间，使学习内容更加符合学生的注意力和精力状态。这有助于提高学习效率和学习成果，并减轻学习压力和疲劳感。

智能媒体在个性化教学中的一个经典应用是在线学习平台可汗学院（Khan Academy）。这个非营利的教育组织提供了一种全方位的学习体验，覆盖了从幼儿园到大学阶段的各种课程。可汗学院的个性化教学体验依赖于其强大的数据分析功能。当学生在平台上学习时，平台会记录他们的学习行为，如完成课程的速度、哪些问题做错了、哪些内容需要多次复习等。然后，可汗学院利用这些数据，通过算法为每个学生生成一个个性化的学习路径。例如，如果一个学生在数学的某个领域表现出困难，系统会推荐他们进一步学习相关的课程和习题，以帮助他们攻克这个难点。可汗学院还利用智能媒体提供互动和即时反馈服务，让学生在学习过程中得到即时的指导和鼓励。例如，当学生完成一道题目时，系统会立即给出答案是否正确的反馈，如果学生做错了，系统还会提供详细的解题步骤，帮助学生理解错误的原因。通过这种方式，可汗学院成功地将智能媒体引入了个性化教学，为每个学生提供了量身定制的学习体验，无论他们的学习风格、知识背景或是学习目标如何。

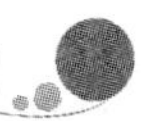

三、智能媒体在教育评估中的作用

智能媒体在教育评估中发挥着重要作用，主要表现为以下几个方面，如图 5-1 所示。

图 5-1　智能媒体在教育评估中的作用

（一）个体化评估

通过分析学生的学习表现，智能媒体可以了解学生的学习进度、知识掌握程度以及学习动态。例如，智能学习平台可以记录学生的答题情况，包括正确率、解题思路等，从而了解学生对不同知识点的掌握情况。智能媒体还可以跟踪学生的学习进度和时间分配，识别学习效率和时间管理等问题。通过学习数据的比对和分析，智能媒体可以了解学生的学习偏好、记忆方式、解决问题的方法等。这有助于教师了解每个学生的个性化学习需求，从而有针对性地调整教学策略和资源，提供个性化的学习支持和指导。

个体化评估的好处是显而易见的。一方面，它能够帮助教师更好地了解学生的学习状况，发现学生的学习强项和薄弱项。这有助于教师有针对性地进行教学和辅导，帮助学生充分发挥优势，加强对薄弱环节的学习。另一方面，个体化评估还可以提高学生的学习动力和自主性。学生在得到个体化的评估和指导后，能够更加清楚地了解自己的学习状况，积极主动地调整学习策略和目标，提高学习效果。

（二）实时反馈

智能媒体可以通过在线学习平台、学习管理系统等，收集和分析学生的学习数据。通过分析学生的答题情况、学习进度、参与度等指标，智能媒体可以实时生成评估结果。学生可以通过查看评估结果，了解自己对不同知识点的掌握情况和错误类型，发现自己的薄弱环节。智能媒体还可以根据评估结果，为学生提供实时的学习建议和提示。根据学生的错误类型和原因，智能媒体可以有针对性地推荐学习资源、解题策略或学习方法。这些建议和提示可以帮助学生纠正错误，加强对薄弱环节的学习，提高学习效果。智能媒体还可以提供学习过程中的实时辅助和反馈。例如，在学生进行在线测试或练习时，智能媒体可以根据学生的答题情况，给予即时的提示和反馈。学生可以根据反馈调整自己的答题策略，避免重复错误，提高学习效率。

（三）多样化评估方式

智能媒体可以提供多样化的评估方式，超越了书面测试等传统评估方式。

1. 视频观察

视频观察有助于评估学生的语言表达能力。通过观察学生在视频中的语言表达，教师可以了解学生的词汇量、语法运用、口头表达的流利程度等方面的表现。教师可以通过观察学生在视频中的思考过程、分析能力和解决问题的方法等，评估学生的逻辑思维能力和创造性思维能力。视频观察还有助于评估学生的合作能力和团队精神。通过观察学生在视频中的合作互动，教师可以评估学生在协作项目中的贡献度、沟通和合作技巧。这种评估方式能够更真实地展现学生在团队合作中的能力和态度，以便教师提供更有针对性的合作指导和培养。

2. 语音分析

语音分析的评估方式有助于教师发现学生在语言交流方面的问题。例如，如果学生的发音不准确或语法错误频繁，教师可以针对这些问题进行指导和纠正。语音分析还可以评估学生的语调和语速，帮助教师了解学生在表达情感、强调重点等方面的能力。通过语音分析，教师可以根据学生的表达情况进行个性化的指导。例如，对于口头表达流利度较低的学生，教师可以提供更多的口语练习和模仿训练；对于语法错误较多的学生，教师可以进行有针对性的语法讲解和练习；对于语调不准确的学生，教师可以进行语调方面的训练。这样的个性化指导可以帮助学生快速改善自身问题，提高口头表达的能力。

3. 在线交互

通过在线交互，学生可以参与讨论、表达自己的观点、与他人合作完成任务。这种评估方式能够使教师更全面地了解学生的合作能力，包括与他人的沟通与协作能力、参与讨论的积极性和贡献度、团队合作中的角色扮演能力等。智能媒体可以记录学生的行为和表现，为评估提供数据支持，帮助教师更准确地评估学生的能力。在在线交互中，教师可以根据学生的表现提供即时的反馈和指导。通过分析学生在交互活动中的表现，教师可以了解学生的合作能力、创造力和解决问题的能力，并针对性地提供指导和支持。例如，对于合作能力较弱的学生，教师可以提供团队合作技巧的指导；对于创造力较低的学生，教师可以鼓励他们提出新的观点和解决方案；对于解决问题能力较差的学生，教师可以提供问题解决的策略和方法。

（四）进一步分析和挖掘

通过对学生学习数据的分析，智能媒体可以了解学生的学习模式，包括学习的时间分布、学习的时长和频率等。这有助于教师了解学生的学习习惯，优化教学安排和时间管理，以提高学生的学习效果。智能媒体还可以分析学生的知识掌握水平，根据学生在不同知识点上的表现，识别他们的薄弱点和需求，为教师提供针对性的教学建议和个性化的教学资源。智能媒体还可以通过机器学习技术，对学生的学习数据进行预测和建模。通过分析学生的学习行为和学习历史，智能媒体可以预测学生的学习进展和学习结果，为教师提供预警信息和个性化的教学策略。借助智能媒体对不同学生的数据进行比较和分析，发现学生之间的差异和相似之处，可以为教师提供更全面的教学参考和指导。

（五）教学质量评估

智能媒体能够收集学生在学习过程中的大量数据，如学习时间、学习频率、学习内容、测试成绩等，通过对这些数据的分析，可以得到学生的学习状态和学习进度的详细信息。这些信息不仅可以帮助教师了解每个学生的学习情况，还可以用于评估教师的教学效果。例如，如果大部分学生在某个知识点上的学习时间明显超过其他知识点，可能说明这个知识点的教学存在问题，需要调整教学策略。智能媒体也可以通过分析学生的反馈，了解学生对教师教学的满意度。学生的反馈可以通过问卷调查、在线评论、学习平台的反馈系统等方式收集。智能媒体可以对这些反馈进行自然语言处理和情感分析，提取出对教师教学的评价和建议。这些信息可以帮助教师了解自己的教学优点和不足，及时调整教学方式，提高教学质量。

四、智能媒体对教育资源的拓宽和均衡

（一）教育资源不受地域、设施和教师资源的限制

传统的教育模式下，受地理位置限制，远离城市或者教育资源丰富的地区的学生往往难以享受到优质的教育资源。然而，智能媒体的普及改变了这一状况。无论学生身处何处，只要有网络连接，就可以通过在线教育平台、网络课程等方式，接触到全球范围内的优质教育资源。这在一定程度上打破了地域对教育资源获取的限制。

在教学设施方面，传统的教育需要专门的教室、图书馆等设施，而这些设施的建设和维护需要大量的资金投入。然而，智能媒体的应用，让学习可以在没有传统教学设施的环境下进行。学生可以通过智能设备，在家里、公园、咖啡店等任何有网络的地方学习，这使得教育更加灵活和便利。

在教师资源方面，传统教育模式下，优质的教师资源往往集中在一些特定的学校和地区，其他地方的学生往往难以接受到优质的教学。然而，智能媒体的应用改变了这一状况。优秀的教师可以将课程录制成视频，通过网络进行分享，让全世界的学生都有机会接触到优质的教学。

（二）教育资源的获取更加灵活方便

智能媒体的应用让教育资源的获取变得更加灵活和方便，这主要体现在两个方面：时间的自由和地点的自由。在时间的自由方面，传统的教育模式通常需要在固定的时间进行教学，如同步上课、指定作业提交的截止时间等。而了有智能媒体，学生可以在任何他们觉得合适的时间里进行学习，不再受到固定课表的限制。例如，在线教育平台提供的视频课程，学生可以随时观看，甚至可以反复观看以加深理解。一些在线学习平台还提供了延时答疑、在线测试等功能，进一步增强了学习的灵活性。在地点的自由方面，智能媒体的应用打破了传统教育必须在特定地点进行的限制。通过网络，学生可以在家里、图书馆甚至是公园等任何有网络连接的地方进行学习。这在一定程度上解决了学生上学路途遥远、无法集中精力等问题，使学习变得更加便利。

除此之外，智能媒体的应用也让教育资源的获取变得更加方便。在网络上，学生可以轻松找到大量的学习资料，如教科书、辅导资料、试题库等。而且，这些资料通常都是免费或者低价提供的，减轻了学生的经济负担。还有一些学习平台甚至提供了互动学习的环境，学生可以和其他学生或者教师进行实时交流，解决自己的疑难问题，提高学习效率。

（三）使教育资源创作有了新可能

通过智能媒体，如网络、移动设备等，个体可以方便地创作并发布自己的教学资源，如教学视频、教学软件、习题库等。这些资源可以作为他们自身教学的辅助材料，也可以分享给其他人，丰富了教育资源。例如，许多教师在 YouTube 上创建自己的频道，分享他们的教学视频；一些热衷于教育的开发者开发出各种教学软件和教学游戏，帮助学生以更有趣的方式学习知识。

（四）提高教育资源利用效率

一方面，通过在线学习平台和教育应用，学生可以获得来自全球各地的优质教育资源。他们可以通过观看教学视频、参与在线课程和教育游戏等形式，获取丰富多样的知识和学习资料。这种全球化的教育资源拓宽了学生的视野，使他们能够接触到更多的学科、文化和思想，激发他们的学习兴趣和创造力。

另一方面，智能媒体还提供了在线协作和交流的机会。学生可以通过在线平台与教师和其他学生进行交流和合作，共同解决问题和分享学习经验。这种协作和交流的形式促进了学生之间的互动，增加了学习动力，培养了他们的团队合作和沟通能力。

（五）促进教育资源的均衡分配

智能媒体的普及和快速发展，无疑为教育资源的均衡分配铺平了道路。它在空间上消除了地域隔阂，使得教育资源不再受制于地理位置。首先，网络教育平台，如大规模在线开放课程（MOOCs）和在线教育网站，提供了大量的学习资料和课程，涵盖从基础教育到高等教育、从文化课程到专业课程的各个领域。这些平台上的课程，既有来自世界顶级大学的教授讲授的公开课，也有各行各业的专家和热心网友上传的教学视频。无论是谁，只要有网络连接，都可以免费或者以很低的价格获取这些资源。其次，智能媒体为教师提供了教学资源和教学研修的机会。在网络上，有很

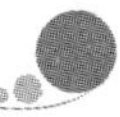

多专门为教师提供教学资源和教学培训的平台。教师可以在这些平台上获取最新的教学理念、教学方法和教学资源，提升自己的教学水平。最后，智能媒体还为学生提供了与全球的学生交流和学习的机会。通过网络，学生可以参与到全球的学习社群中，与全球的学生一起学习、讨论和合作，这对于他们的视野拓宽和能力提升具有重要的作用。

第二节　智能媒体在医疗行业的应用

医疗行业是智能媒体应用的一个重要领域，其在医疗信息化、远程医疗、医疗研究和创新以及公众健康宣教等方面发挥着重要作用，如图5–2 所示。智能媒体的应用为医疗行业带来了许多新的机遇和挑战。借助智能媒体技术和平台，医疗信息化得到了加速推进，医疗服务的效率和质量得到了提升。远程医疗服务的实现使患者可以享受到更加便捷和高效的医疗服务。智能媒体在医疗研究和创新中的作用也不可忽视，它为医学研究提供了大量数据和先进工具，并促进了医学技术的创新与进步。此外，智能媒体也对公众健康宣教起到了积极的影响，通过多媒体形式传播健康知识，提高了公众的健康意识和素养。

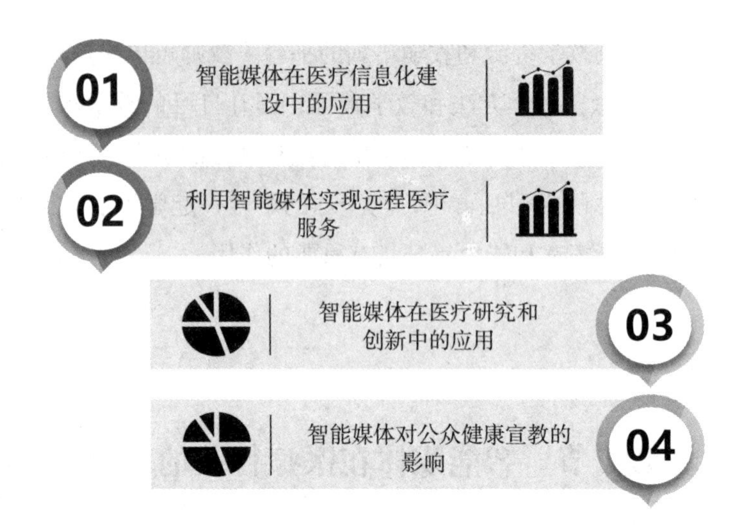

图 5-2　智能媒体在医疗行业的应用

一、智能媒体在医疗信息化建设中的应用

（一）智能媒体在电子病历系统建设中的作用

电子病历系统使得医生可以在任何地方、任何时间获取患者的医疗记录。这意味着，无论医生身处何处，只要有网络连接，就能获取患者的所有医疗信息，包括以往的诊断、治疗计划、药物使用情况等。这大大提高了医疗服务的便捷性，而且使医生可以基于完整和及时的信息作出更精确的决策。电子病历系统通过数据分析和挖掘，可以为医生提供深层次的医疗洞见。例如，系统可以通过分析患者的历史数据，预测患者未来可能出现的健康风险，从而为早期干预提供了可能。系统还可以通过分析大量患者的数据，找出疾病的潜在规律，为医疗研究提供有价值的线索。通过自动化的数据录入和管理，医生减少了大量的纸质工作，将更多的时间和精力投入患者的治疗中。通过对数据的精确管理，医疗机构可以有效避免医疗错误，如药物过敏、重复检查等。电子病历系统也有助于提高医疗服务的透明度和患者的满意度，通过电子病历系统，

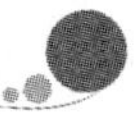

患者可以方便地获取自己的医疗信息，了解自己的健康状况和治疗进程，进而参与到自己的健康管理中。

（二）利用智能媒体进行医疗质量和安全管理

1.医疗质量管理方面

智能媒体可以帮助医疗机构了解患者的需求和期望，从而提供更加个性化和令患者满意的医疗服务。通过收集患者满意度调查和反馈数据，智能媒体可以分析患者的评价和意见，识别出服务中存在的问题和不足之处。医疗机构可以根据这些数据进行改进和优化，以提供更好的医疗体验和服务。智能媒体还可以帮助医疗机构识别和预防医疗错误。通过收集和分析医疗错误数据，智能媒体可以识别出潜在的问题和风险，从而帮助医疗机构采取相应的措施预防这些错误的再次发生。例如，智能媒体可以分析手术过程中的风险因素，并提供相关的建议和指导，以确保手术安全和质量。通过收集和分析医疗机构的绩效数据，智能媒体可以评估医疗机构的表现，并与其他机构进行比较，帮助医疗机构发现自身的改进空间，并借鉴其他机构的成功经验，不断提高医疗服务的质量和效果。

2.医疗安全管理方面

智能媒体可以用于药物安全管理。药物过敏和药物相互作用是常见的医疗风险，而智能媒体可以通过自动化的药物检查系统，帮助医疗机构减少这些风险。智能媒体可以根据患者的个人信息和医疗记录，自动检查所开药物的相容性和安全性，提醒医疗人员注意患者的药物使用情况，以避免不必要的药物过敏和相互作用。智能媒体也可以在手术安全方面发挥作用。手术过程中存在着一系列的风险和安全隐患，而智能媒体可以通过提醒和指导，帮助医疗人员进行手术前的安全检查。例如，智能媒体可以提醒医疗人员确认患者的身份和手术部位，核对手术所需的器械和药物等，以确保手术过程的准确性和安全性。通过智能媒体的数据收集和分析，医疗机构可以实时监测和分析医疗事件和事故的发生情况，并及时采取措施进行应对和改进。智能媒体可以帮助医疗机构识别潜在的风险因素，并通过数据驱动的方法改进和优化医疗流程，提高医疗安全性。

（三）智能媒体在医院运营和服务优化中的应用

1. 患者体验优化

智能媒体通过在线预约系统为患者提供了便捷的预约服务。患者可以随时随地通过智能媒体平台进行预约，避免了传统的排队等候的烦琐过程。这不仅节省了患者的时间，也提高了预约的准确性和效率。智能媒体的电子病历系统使患者的医疗记录更加便捷和可靠。通过电子病历系统，患者的医疗记录可以实时更新和存储，医疗信息的传递和共享更加高效和安全。患者可以随时通过智能媒体平台查阅自己的病历和检查结果，避免了重复的检查和测试，提高了医疗资源的利用效率。智能媒体平台还提供了在线咨询和交流的渠道，增强了医患之间的沟通。患者可以通过智能媒体平台与医疗工作人员进行实时的在线咨询和交流，解决自己的疑问。这提高了患者对医疗问题的理解和掌握程度，也增强了医患之间的信任和互动。

2. 医疗工作流程优化

智能媒体的电子病历系统使医生可以随时查看患者的最新信息，优化了医疗工作流程。医生可以通过电子病历系统获取患者的病历、诊断结果、检查报告等相关信息，不再依赖传统的纸质病历。这使医生能够更方便地获取和管理患者的数据，更准确地制定和调整治疗方案，提高了医疗工作的效率和准确性。智能媒体的数据分析功能还可以帮助医院发现潜在的运营问题，以便提前解决，优化医疗服务的质量和效率。通过对医疗数据的分析，医院可以识别出病房资源的利用率、医疗流程的瓶颈等问题，并采取相应的改进措施。这有助于提高医院的整体运营效率，优化医疗工作流程，为患者提供更好的服务体验。

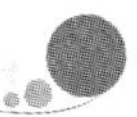

3. 医院运营优化

智能媒体可以通过收集和分析大量的运营数据来帮助医院发现运营中的问题和机会。通过智能媒体系统，医院可以收集并整理医疗流程、患者就诊时间、资源利用情况等方面的数据，利用这些数据进行统计分析和数据挖掘，发现运营中的瓶颈和问题，为改进和优化运营提供依据。通过预测和模拟技术，智能媒体可以预知患者就诊的高峰期和资源需求的变化趋势。医院可以根据这些预测结果，合理安排医疗资源，优化资源利用效率，避免资源的浪费或不足。例如，智能媒体可以帮助医院调整排班计划、加强病床管理，提高患者的就诊效率和满意度。智能媒体还可以提供决策支持，帮助医院制定更有效的运营策略。基于数据分析和模型预测，智能媒体可以为医院提供参考意见和建议，帮助医院管理层制定合理的战略规划、资源配置和流程优化等决策，促使医院在竞争激烈的医疗市场中保持竞争力，提高运营效率和经济效益。

二、利用智能媒体实现远程医疗服务

（一）利用智能媒体进行远程诊断和治疗

1. 远程诊断

通过与互联网连接的医疗设备，患者可以方便地测量和记录自己的体征数据，如心电图、血压、血糖等。这些数据可以实时传输给医生，医生则通过智能媒体平台接收和查看这些数据，并结合患者电子病历中的历史数据进行综合判断和诊断。在远程诊断过程中，医生可以与患者进行视频或音频通话，进一步了解患者的症状和病情，提供诊疗建议。远程诊断的优势在于它的便捷性和及时性。对于居住在偏远地区或行动不便的患者来说，远程诊断可以解决他们就医困难的问题。他们不再需要长途跋涉到医院，只须在家中或社区医疗机构进行简单的检测和数据上传，就能得到专业医生的远程诊断和治疗建议。这大大降低了患者的时间和金钱成本，提高了他们就医的便利性和满意度。

2. 远程治疗

一些慢性病患者，如糖尿病、高血压患者等，可以在家中使用智能医疗设备进行健康监测，并将监测到的数据传输给医生。医生可以通过智能平台远程接收和分析这些数据，并根据患者的情况及时调整治疗方案。远程治疗的优势在于它的便捷性和连续性。患者可以在家中随时监测自己的健康状况，无须频繁前往医院，减少了时间和金钱的花费。医生可以通过智能媒体平台实时监控患者的健康数据，及时发现异常情况并作出相应的干预。这种连续的监测和治疗模式有助于提高治疗效果，减轻患者的负担。

3. 远程协作

通过智能媒体技术，医生可以共享患者的病历、检查结果和影像资料等重要信息。他们可以通过远程会诊平台进行实时的讨论和交流，共同研究患者的病情，并制定最佳的诊疗方案。这种远程协作模式有助于汇集不同领域和专业背景的医生的智慧和经验，为患者提供更全面和精准的医疗服务。远程协作打破了地域限制，让医生能够迅速地与其他专家取得联系并共享信息。通过远程协作，医生可以互相学习、交流和分享最新的研究成果和治疗经验，提高诊疗质量和效果。此外，远程协作还可以减少患者的等待时间，为其提供更及时的医疗服务。

（二）智能媒体在远程医疗教育和培训中的应用

1. 在线学习平台的应用

在线学习平台在医疗行业中的应用给医学专家和医护人员提供了便捷的学习方式。通过在线学习平台，医学专家可以创建和发布自己的课程和讲解视频，供全球范围内的医护人员学习和参考。这种在线学习方式不仅可以节省学习者的时间和出行费用，还可以让学习者自由安排学习时间，根据自身的需求和节奏进行学习。学习者可以在自己的方便时

间内随时访问课程内容，无须受到地点和时间的限制。这种灵活性极大地提高了学习效率，使学习者能够更加集中精力学习和理解医学知识。在线学习平台也提供了交互环境，使学习者有机会与专家直接交流和互动。学习者可以通过在线平台向专家提问、讨论学习内容，并获得专家的解答和指导。这种互动环境有助于学习者与专家之间建立更紧密的联系，为学习者提供了更深入的学习和理解的机会。

2.模拟训练的应用

智能媒体还可以用于模拟训练，如手术模拟、疾病诊断模拟等。在手术模拟方面，智能媒体可以提供高度逼真的虚拟手术环境，医护人员可以在其中进行实际操作的模拟，包括手术步骤、操作器械等。通过与虚拟患者进行互动，医护人员可以实时观察和处理各种手术场景，应对模拟手术中的风险和挑战。这样的训练使医护人员能够熟悉手术过程，提高技巧，增强自信心，从而提高手术的安全性和成功率。在疾病诊断模拟方面，智能媒体可以模拟不同疾病的症状和体征，医护人员可以通过虚拟患者进行实时的病情观察和诊断。通过与虚拟患者的交互，医护人员可以练习不同的诊断方法和技巧，提高对疾病的辨识能力。这种模拟训练使医护人员能够在模拟真实情况下接触多样化的病例，积累经验，提升诊断能力。

智能媒体在模拟训练中的应用有助于医护人员在安全的环境下进行反复练习，减少了在真实环境中可能带来的风险和失误。模拟训练也可以提供个性化的学习体验，根据医护人员的需要定制训练内容和难度。这样的训练方式既提高了医护人员的专业技能，还增强了他们的团队协作能力和应对复杂情况的能力。

3.社区和论坛的应用

在医学社区和论坛，医护人员可以相互学习和借鉴，获取新的知识和见解。他们可以讨论复杂病例，分享治疗方法和技巧，提出问题并获得专业意见。这种交流和互动的方式有助于医护人员个体的专业发展，还有助于整个医学领域的进步和创新。医学社区和论坛还可以促进跨学科的合作和知识交叉。医护人员可以与不同领域的专家进行交流，共同探讨和解决复杂疾病和医学难题。这种跨学科的合作能够促进医学知识的整合和应用，推动医学领域的进步和创新。

4.继续教育和证书获取的应用

智能媒体还可以用于医护人员的继续教育和证书获取。通过在线课程，医护人员可以与专业的医学教师和专家进行互动和交流，共同探讨和解决问题。这种互动和交流的机会有助于医护人员加深对知识的理解和应用，分享经验。智能媒体平台还可以提供在线考试和评估机制，帮助医护人员进行学习成果的评估和证书的获取。医护人员可以通过完成课程学习和通过相应的考试，获得相关证书和资质的认证。这些证书的获取不仅能够证明医护人员的专业水平，还有助于提升他们在职业市场中的竞争力。

（三）智能媒体在医疗资源均衡配置中的应用

智能媒体平台可以作为医疗信息和知识的共享平台，供医生和研究人员分享自己的研究成果和经验，方便其他医生学习和参考。这样不仅可以加快医疗知识的传播和更新，还能够提高医疗服务的整体水平。智能媒体还可以收集和分析大量的医疗数据，如患者的疾病发生率、医疗服务的需求量等，用于优化医疗资源的分配。例如，通过对数据的分析，可以预测某个地区未来的医疗需求，然后提前进行医疗资源的调配，以满足未来的需求。

三、智能媒体在医学研究和创新中的作用

（一）智能媒体在医学研究中的应用

1.数据收集和分析

智能媒体的数据收集能力可以帮助医疗机构建立庞大的医疗数据库。

这些数据库中包含了大量的病例信息，涵盖了各种疾病和医疗情况。通过对这些数据进行深入的分析和挖掘，研究人员可以发现疾病的规律和特征。例如，他们可以通过对大量肿瘤病人的基因序列数据进行分析，发现特定基因突变与肿瘤发生的关联，从而为肿瘤的治疗提供精准的指导。智能媒体的数据分析能力可以帮助研究人员进行疾病的预测和预防。通过对大规模数据的分析，可以发现潜在的疾病风险因素和预测模型。例如，通过分析大量糖尿病患者的病历和生活习惯数据，可以建立糖尿病的风险评估模型，帮助人们识别患病的可能性并采取预防措施。这种数据分析的应用有助于提早发现疾病，降低医疗成本，并改善患者的生活质量。

智能媒体的数据收集和分析还可以用于医学研究和创新。研究人员可以利用智能媒体平台收集的大量数据，进行医学研究和项目创新。例如，通过对大量临床试验数据的分析，可以发现新的疗法和药物，为疾病的治疗提供新的思路和方法。这种基于数据的研究和创新有助于推动医学的进步和发展。

2. 实验设计和模拟

智能媒体可以帮助研究人员进行实验设计。在医学研究中，实验设计是非常重要的，它需要合理安排实验组和对照组，控制变量，以获得可靠的研究结果。智能媒体可以通过提供实验设计工具和模型，辅助研究人员进行实验设计。例如，在药物研发过程中，智能媒体可以根据药物的性质和研究目标，帮助研究人员制定合适的实验方案，包括药物的剂量、给药时间、实验样本的选取等，这样可以确保实验的可靠性和有效性。

智能媒体还可以进行实验模拟，以预测实验的可能结果并进行优化。在医学研究中，有些实验难以进行或者需要耗费大量的时间和资源，而借助智能媒体的模拟技术，研究人员可以在虚拟环境中模拟实验过程和结果，提前了解实验可能的结果和影响因素，以评估实验的可行性和效果，并进行优化。比如，在新药的临床试验中，可以通过智能媒体模拟患者的反应和药物的剂量效应，从而为实验的设计和进行提供参考。

3. 协作和分享

智能媒体可以实现研究成果的快速分享和传播。研究人员可以通过在线平台发布他们的研究成果，包括论文、实验数据、研究方法等。这使得其他研究人员可以迅速了解最新的研究进展，从而避免重复劳动，节省时间和资源。智能媒体还可以通过数据共享和开放科学的理念，提高科研成果的透明度和可重复性，推动医学研究的进展。

（二）智能媒体对医疗政策和法规研究的影响

1. 数据支撑

智能媒体可以大量、快速、精确地收集和处理医疗健康数据，这为医疗政策的制定和修改提供了强大的数据支撑。例如，通过对大规模的健康数据进行分析，政策制定者可以了解某种疾病在特定人群中的发病率，从而针对性地制定防治政策。

2. 监管能力

智能媒体提高了医疗行业的监管能力。例如，智能媒体可以自动监测医疗机构的服务质量，如果发现存在违规行为，可以及时通知相关部门进行处理。通过智能媒体，政策制定者还可以了解医疗机构的运营情况，如医疗资源的使用情况、医疗费用的变动情况等，这对于政策制定者进行决策具有重要的参考价值。

3. 公开透明

智能媒体在医疗领域的应用，促进了医疗政策和法规的公开和透明。通过互联网和智能媒体平台，公众可以方便地获取最新的医疗政策和法规信息。政府和医疗机构可以通过在线发布和更新相关文件，确保信息的及时性和准确性。这使得公众能够更好地了解医疗政策的内容和目的，从而对医疗体系的运作有更清晰的认识。

4.智能化决策

通过人工智能、机器学习等技术，智能媒体可以分析大量的医疗健康数据，从中发现问题和趋势，为医疗政策的决策提供智能化的支持。例如，通过对疾病数据的深度分析，智能媒体可以预测疾病的发展趋势，为防控政策的制定提供参考。

5.提升公众参与度

智能媒体为公众提供了参与医疗政策制定和修改的机会。通过智能媒体平台，公众可以提出意见和建议，参与相关讨论和调研，以表达对医疗政策的看法和需求。政府和决策者可以利用智能媒体的反馈机制，了解公众的意见和关注点，更好地制定和修改医疗政策，使之更符合公众的期望和利益。

四、智能媒体对公众健康宣教的影响

（一）利用智能媒体进行公众健康教育

1.信息传播的广泛性

智能媒体可以突破地域限制，将健康知识和信息在全社会普及。通过网络、电视、广播等多种渠道，健康教育可以实现从城市到农村的全覆盖，使每一个家庭、每一个人都能接触到健康知识和信息。此外，通过智能手机等移动设备，公众可以随时随地获取健康信息，使得健康教育更具全面性和即时性。

2.教育内容的多样性

通过智能媒体平台，健康知识可以以多种形式呈现。文字可以提供详细的解释和理论知识，图片可以直观地展示解剖结构和疾病症状，视频可以通过动画和模拟场景进行实际操作演示，互动问答则可以让学习者参与其中，巩固所学知识。特别是对于一些复杂的医学知识，智能媒体的动画视频形式尤为有益。通过生动的动画演示，学习者可以更直观地理解和记忆医学概念、解剖结构、疾病机制等。这种形式既提高了学习效果，也激发了学习者的学习兴趣，使学习变得更加生动有趣。

3. 教育方式的互动性

智能媒体的互动性使得公众健康教育更具吸引力。公众不再是被动接受信息的对象，而是可以主动参与到健康教育中来。例如，通过在线问答、论坛讨论等方式，公众可以提出自己的疑问，分享自己的经验，这种互动性的教育方式不仅增加了学习的趣味性，也提高了学习的效果。通过提出问题，公众能够更好地理解和应用所学知识，也可以获得专家或其他参与者的答复和建议。而通过分享经验，公众能够互相借鉴和学习，形成互助共赢的学习环境。

4. 针对性教育

通过数据分析和机器学习技术，智能媒体可以根据每个人的特点和需求，提供个性化的健康教育。例如，针对糖尿病患者，智能媒体可以向他们提供关于血糖监测、饮食控制、药物管理等方面的个性化建议。这样的个性化教育能够帮助患者更好地理解和掌握疾病管理的重要知识，从而改善自身的健康状况。对于老年人来说，智能媒体可以提供适合他们理解和操作的健康信息。由于老年人的认知和身体状况有所不同，智能媒体可以根据他们的特点，以更简明易懂的方式传递健康知识。如智能媒体通过使用大字体、配图、语音导航等方式，为老年人提供适合自身的健康教育内容，帮助他们更好地理解和应用所学知识。

5. 提升公众的健康素养

智能媒体的普及使得健康教育更加普遍和便捷，公众不再受限于传统的健康宣教渠道，而是可以根据自己的需求和时间进行自主学习。无论是家庭中的保健知识、饮食健康、运动锻炼，还是常见疾病的预防和早期识别，公众都可以通过智能媒体获取相关信息，并根据自身情况进行调整和实践。这种提升健康素养的效果是多方面的。首先，公众能够更全面地了解健康问题，掌握科学的预防和保健知识；其次，智能媒体

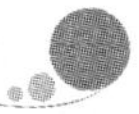

可以提供实用的健康技巧和指导，帮助公众更好地应对日常生活中的健康挑战。公众可以通过智能媒体获取与健康相关的最新研究成果和治疗方法，从而作出更明智的医疗决策。通过智能媒体提升公众的健康素养，可以减少疾病的发生和进一步的健康问题。公众也能够更加自觉地采取积极的健康行为，改善生活方式，提高自身的健康水平。这将为整个社会带来积极的影响，减轻医疗负担，促进社会的可持续发展。

（二）智能媒体在患者健康管理和自我护理指导中的作用

1. 健康监测和管理

智能媒体提供了一种新的方式来帮助患者进行健康监测和管理。例如，智能手机上的健康应用程序可以实时记录并分析用户的健康数据，包括运动量、饮食、睡眠、心率等，并在此基础上给出个性化的健康建议。一些专门为患者设计的智能设备，如血糖仪、血压计等，可以帮助患者监测自己的病情，并将数据上传到云端，以供医生远程查看和分析。

2. 自我护理教育

通过智能媒体，患者可以获取大量的健康教育信息，从而更好地管理自己的健康。例如，一些健康教育网站和应用程序提供了关于疾病预防、病情管理、健康生活方式等方面的教育内容，这对患者进行自我护理有很大的帮助。

3. 患者健康自主权的提升

智能媒体的发展提升了患者的健康自主权。患者可以通过智能媒体平台主动获取与自身健康相关的信息，了解疾病的症状、治疗方案和预后等内容。他们可以通过在线论坛和社区与其他患者交流经验，互相支持和分享治疗心得。患者健康自主权的提升既改变了患者与医生之间的关系，也促进了更加平等和合作的医患关系的形成。患者通过智能媒体平台获得更多的医学知识和信息，能够更好地了解自身健康状况，提出问题并与医生进行有效的沟通。医生则可以更好地了解患者的需求和期望，制定更符合患者实际情况的治疗方案。

第三节　智能媒体在娱乐行业的应用

在智能媒体时代，娱乐行业迎来了一场全新的变革。智能媒体的应用不仅为数字娱乐产品的开发带来了新的可能性，还对娱乐营销、内容创作和行业发展模式产生了深远影响，如图 5-3 所示。

图 5-3　智能媒体在娱乐行业的应用

一、智能媒体在数字娱乐产品开发中的应用

（一）利用人工智能技术改善游戏体验

数字娱乐行业，特别是电子游戏领域，已经成为人工智能技术应用的重要前沿。这些技术可以以极其独特的方式改善游戏效果，给玩家提供更丰富的内容，以及更深入、更令人兴奋的游戏体验。游戏 AI 一直是游戏开发的关键部分，用于驱动非玩家角色（NPC）的行为。然而，人工智能的新进步为游戏 AI 带来了更大的可能性。深度学习和神经网络等先进技术可以创建出更加真实、更富有生命力的 NPC，他们可以从玩家

的行为中学习，并根据这些学习结果调整自己的行为。AI 也正在改变游戏设计的过程。在过去，游戏级别的设计和平衡通常需要大量的手动工作和迭代。而现在，开发者可以使用 AI 来自动测试和调整游戏的难度和平衡，这不仅可以大大提高开发效率，也可以帮助开发者创建出更能满足玩家需求的游戏。AI 还可以用于生成游戏内容。一些游戏已经开始使用 AI 来生成新的级别、敌人和任务，为玩家提供无限的新内容。这种所谓的"程序生成内容"可以使游戏的寿命大大延长，让玩家在完成主要任务后仍能找到新的挑战。

除此之外，语音识别和处理技术也在游戏中得到了应用。通过 AI，游戏可以理解和响应玩家的语音命令，甚至可以通过自然语言处理技术进行更复杂的交互。这可以使游戏体验更具沉浸感，让玩家产生自己真的是游戏世界的一部分的感觉。

以上这些只是用人工智能改善游戏效果的几个例子。随着技术的进步，未来肯定还会有更多的创新出现，使游戏体验变得更加丰富，更加真实，更加令人兴奋。这无疑将极大地推动数字娱乐行业的发展，使其变得越来越重要。

（二）数据分析在娱乐产品设计中的应用

在游戏设计中，数据分析已经成为一个关键工具。通过收集和分析玩家的行为数据，开发者可以了解玩家在游戏中的体验。例如，他们可以发现哪些级别或任务太难或太简单，哪些游戏机制或元素受到玩家的欢迎，哪些地方可能让玩家感到困惑或者沮丧。基于这些数据，开发者可以对游戏进行调整，以提高玩家的满意度和留存率。数据分析也被广泛应用于其他类型的娱乐产品开发中，如电影、电视节目和音乐。通过分析用户的观看或听歌行为，开发者可以了解哪些类型的内容受欢迎，哪些内容可能需要改进。基于这些数据，他们可以制定更有效的内容策略，以吸引和保留更多的用户。除了产品设计外，数据分析还可以用于优化娱乐产品的营销策略。通过分析用户的行为和反馈，开发者可以了解哪些营销策略有效，哪些没有效果。基于这些信息，他们可以优化自己的营销策略，以提高用户的获取率和留存率。

在未来，随着大数据和人工智能技术的进一步发展，数据分析在数字娱乐产品开发中的作用将会越来越重要。它将促使开发者更深入地了解用户的需求和期望，从而设计出更符合用户需求、更吸引用户的娱乐产品。数据分析也将使娱乐产品的营销和推广更加精准和有效，进一步推动娱乐行业的发展。

（三）虚拟现实和增强现实技术在娱乐产品开发中的应用

在游戏设计方面，虚拟现实（VR）和增强现实（AR）技术的应用为游戏开发者带来了独特的机会和挑战。传统的电子游戏通常限制在平面屏幕上，玩家与游戏世界之间存在一定的隔阂。然而，VR 和 AR 技术改变了这种局面，为玩家创造了更加沉浸式和身临其境的游戏体验。通过 VR 技术，玩家可以穿戴虚拟现实头盔，进入一个完全虚拟的世界，通过头部追踪和手柄等交互设备来探索、行动和与虚拟环境中的对象进行互动。这种身临其境的感觉让玩家完全融入游戏世界，增强了游戏的真实感，提高了玩家的参与度，玩家可以身临其境地进行冒险，探索未知领域，或者参与刺激的战斗和竞技活动。而 AR 技术则将虚拟元素与现实世界相结合，使玩家可以在真实的环境中与虚拟物体进行互动。玩家可以通过手机、平板电脑或 AR 眼镜等应用了 AR 技术的设备，将虚拟物体叠加到真实环境中，这种方式能够创造出令人惊奇的、创新的游戏体验。例如，玩家可以在家中的桌子上搭建虚拟的城堡，与虚拟的角色进行互动，或者在街上寻找隐藏的虚拟宝藏等。这种沉浸式的体验为游戏设计带来了更大的创新空间。开发者可以设计更复杂、更具挑战性的游戏场景和任务，玩家可以通过身体的行动来解决问题或完成挑战。在这类游戏中，游戏角色和故事线往往也更加丰富和立体，玩家的情感投入和参与感大大提高。

在电影领域，虚拟现实和增强现实技术正逐渐成为创作和表现的重

要工具。通过VR技术，观众可以获得前所未有的沉浸式观影体验。他们可以穿戴VR头戴式显示设备，完全沉浸在电影的虚拟世界中，身临其境地参与到故事情节中；可以自由选择观看的视角和观看的时间点，以及与虚拟角色进行互动。这种身临其境的体验让观众更加投入，深度感受电影情节的张力和情感。

在音乐领域，VR和AR技术也为音乐表演和创作带来了新的可能性。通过VR技术，观众仿佛置身于音乐会现场，感受到真实的演出氛围。他们可以选择不同的观看角度，近距离观察音乐家的演奏技巧，甚至可以与虚拟音乐家互动。这种虚拟现实的体验将音乐表演推向了新的高度，让观众可以切身感受到音乐的力量和情感。

（四）云计算和5G技术对数字娱乐产品开发的推动

云计算在数字娱乐产品开发中的应用，主要体现在三个方面。首先，云计算提供了强大的计算能力和存储空间，使开发者可以设计出更复杂的娱乐产品，如高清晰度的电影和大型的在线游戏。其次，云计算让娱乐内容的分发和获取更加方便快捷。用户可以随时随地通过互联网访问云端的娱乐资源，不再受设备性能和存储空间的限制。最后，云计算有助于提高娱乐产品的开发效率和降低成本。开发者可以利用云端的开发工具和平台，快速地实现产品的开发和迭代。

5G技术的出现，进一步推动了数字娱乐产品的发展。5G技术所具备的高速度、大容量和低延迟的特性，使娱乐产品可以提供更优质的体验服务。例如，5G技术可以支持更高清晰度的视频流，使用户可以享受到更清晰、更流畅的观影体验；在游戏领域，5G技术的低延迟特性使得大型在线游戏的运行更加流畅，提高了玩家的游戏体验。此外，5G技术也为虚拟现实和增强现实等新型娱乐形式的发展提供了可能。这些新型娱乐形式需要高速度和低延迟的网络支持，而这正是5G技术所擅长的。

云计算和5G技术还可以协同工作，共同推动数字娱乐产品的发展。例如，云游戏就是云计算和5G技术协同工作的典型应用。云游戏的运算过程在云端完成，只将游戏画面通过5G网络传输到用户的设备上，这样可以让用户在任何设备上都能享受到高质量的游戏体验，而无须担心设备性能和存储空间的问题。

二、利用智能媒体进行娱乐营销和推广

（一）社交媒体在娱乐营销中的角色

社交媒体提供了一个直接和消费者接触的平台。在这个平台上，企业可以直接发布产品信息，推出新的娱乐项目，或者宣布即将发生的事件。这种直接的信息传播方式使企业能够更快地传达信息，更有效地吸引消费者的注意力。而且，企业可以通过收集和分析社交媒体上的数据，了解消费者的喜好和行为，以此来优化产品设计和营销策略。消费者可以通过评论、分享和点赞等方式，直接向企业反馈他们的感受和建议。这种互动增强了消费者的参与感，也使企业能够更好地了解消费者的需求，从而更准确地满足他们的期望。这种双向沟通也有助于建立企业与消费者之间的信任关系，提高消费者对企业的忠诚度。另外，社交媒体还为企业提供了丰富的营销手段。例如，企业可以通过在社交媒体上发布吸引人的内容，如有趣的视频、有价值的文章，或者有吸引力的活动，吸引用户的关注。企业也可以通过社交媒体上的广告和推荐系统，将自己的产品推荐给潜在的消费者。社交媒体上的影响力者营销也是一种有效的营销手段。企业可以与有大量粉丝的影响力者合作，让他们为企业的产品或服务做宣传，以此来扩大影响力。

在娱乐行业中，如电影、电视剧、音乐、游戏等领域，社交媒体营销的影响效果尤为显著。例如，电影宣传经常利用社交媒体进行预告片的推广，激发观众的期待；音乐产业则通过社交媒体为新专辑或音乐会造势，吸引粉丝参与；游戏公司则通过发布游戏更新、举行线上活动等方式，在社交媒体上与玩家进行互动，提高玩家的参与度和黏性。

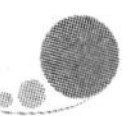

（二）利用人工智能进行娱乐内容推荐

现代人面临着信息过载的问题，每天都有大量的娱乐内容产生，这使得人们很难从中挑选出自己感兴趣的内容。此时，人工智能的推荐系统就起到了关键的作用，它能够根据用户的行为、兴趣和偏好，为用户推荐他们可能感兴趣的娱乐内容。推荐系统的核心是利用人工智能和机器学习技术对大量的用户数据进行分析和挖掘，这些数据包括用户的历史行为、社交关系、个人喜好等。通过对这些数据的分析，推荐系统可以找出用户的兴趣模式，预测他们对未知内容的喜好，从而为用户推荐他们可能感兴趣的内容。在娱乐行业中，人工智能推荐系统的应用已经非常普遍。例如，在视频平台上，推荐系统可以根据用户的观看历史、搜索记录和社交关系，推荐他们可能感兴趣的电影、电视剧或短视频；在音乐平台上，推荐系统可以根据用户的听歌历史和音乐口味，推荐他们可能喜欢的歌曲和歌手；在游戏平台上，推荐系统可以根据用户的游戏历史和游戏偏好，推荐他们可能喜欢的游戏。

人工智能推荐系统既提高了用户的使用体验，使用户能够更容易地找到他们感兴趣的内容，又对娱乐行业的发展产生了重大影响。一方面，推荐系统使得娱乐内容的分发更加精准，使得用户可以在海量的内容中快速找到他们感兴趣的内容，这对于提高用户的满意度和留存率非常重要；另一方面，推荐系统可以帮助娱乐公司更好地了解用户的需求和喜好，优化他们的产品和服务，提高他们的竞争力。

（三）创新的数字营销方式和策略

社交媒体营销已经成为数字营销的重要组成部分。以Facebook、Instagram、微博和微信等社交媒体平台为例，娱乐公司可以通过发布有趣的内容、组织线上活动或者与网红和意见领袖合作，来吸引用户并与其互动，从而提升品牌知名度和用户忠诚度。例如，许多音乐艺术家会在社交媒体上与粉丝互动，分享他们的生活和工作经验，以此提升粉丝的关注度和参与度。数据驱动的营销策略也变得越来越重要。通过收集和分析大量的用户数据，娱乐公司可以更好地了解用户的需求和偏好，以此为用户提供更加个性化和有效的营销信息。例如，Spotify 会根据用户的听歌历史和偏好，推荐他们可能喜欢的歌曲和歌手。增强现实和虚拟现实也为娱乐行业的数字营销带来了新的机会。通过创造沉浸式和交互式的体验，娱乐公司可以提供更加吸引人和有趣的营销活动。例如，某些电影公司会制作虚拟现实的电影预告片，让观众提前体验电影中的情境。

三、智能媒体在娱乐内容创作中的应用

（一）利用AI技术进行娱乐内容创作

1.AI 技术用于音乐创作

AI 技术在音乐创作领域的应用为艺术家和其他创作人员带来了新的可能性。例如，OpenAI 的 MuseNet 等 AI 系统可以利用深度学习算法生成各种风格的音乐，包括古典音乐、流行音乐、爵士音乐等。这些系统能够通过学习和模拟大量的音乐数据中的结构和规律，创作出新颖的音乐作品。对于艺术家和其他创作人员来说，AI 系统可以作为一个有益的创作工具来帮助自己寻找新的创作灵感、不同的音乐元素和创作思路。艺术家和其他创作人员可以通过与 AI 系统的互动，从中获得创作的启示和创意的碰撞。AI 生成的音乐作品也可以作为创作的起点或草稿，为艺术家和其他创作人员提供更多的创作选择和发展空间。

2.AI 技术用于电影和电视剧本的创作

对于电影和电视剧的创作人员来说，AI 系统可以作为一个有益的辅助工具。这类系统可以帮助创作者生成剧本草稿，为其提供新的剧情构思和人物设定。创作者可以通过与 AI 系统的互动，获取灵感和创意的启示，拓展创作思路，丰富创作风格。AI 技术还可以帮助创作者分析和评估剧本的质量，通过对剧本进行语义分析和情感分析，帮助创作者了解

剧本中的情感走向、对话的逻辑等，优化剧本的表达和剧情的发展。

3.AI 技术用于绘画创作

AI 技术在绘画创作中的应用为画家提供了新的创作工具和创作方式。例如，Deep Art 和 Deep Dream 等 AI 系统可以根据用户提供的输入图片，生成全新的艺术作品。这类系统通过神经网络模拟画家的绘画风格和技巧，创作出独特的绘画作品。画家可以将 AI 系统生成的艺术作品草图作为创作的起点，从中获取灵感和创意。AI 系统的生成过程可能涉及对大量绘画作品的学习和模拟，从而为画家提供了探索新的艺术风格和表达方式的机会。

（二）利用智能媒体进行协同创作

智能媒体提供了更加便捷的沟通和合作平台。许多社交媒体和在线协作工具，如 Slack、Trello 和 Google Docs 等，都可以让创作者们实现实时沟通，共享文件，跟踪项目进度，从而提高了协同创作的效率。例如，一部电影的编剧团队可以使用 Google Docs 来共同编写和修改剧本，每个人都可以看到他人的修改和建议，从而更好地进行协作和交流。智能媒体通过提供丰富的资源和工具，支持创作者们进行多样化的协同创作。许多在线平台和软件，如 GitHub、Adobe Creative Cloud 和 Unity 等，提供了大量的资源和工具，让创作者们可以更好地进行协作和创新。例如，一个游戏开发团队可以使用 Unity 来共同设计和开发游戏，每个人都可以贡献自己的专长和想法，从而开发出更好的游戏。

（三）利用数据分析引导娱乐内容创作

第一，数据分析可以为深入了解观众需求提供支持。例如，通过对社交媒体、在线评论和观众调查的数据分析，创作者们可以了解观众的兴趣、喜好和期待，创作出更符合观众需求的内容。数据分析还可以揭示观众的行为模式和消费习惯，如观看时间、观看设备、分享行为等，这些信息对于优化内容格式、发布策略和营销活动都非常有价值。

第二，数据分析可以揭示市场趋势，指导创作方向。例如，通过对搜索引擎、新闻报道和社交媒体的数据分析，创作者们可以了解当前最热门的主题、风格和形式，制订更有市场前景的创作计划。数据分析还可以预测未来的市场趋势，例如，通过机器学习模型分析历史数据，预测未来的流行趋势。

第三，数据分析可以提供对作品效果的实时反馈。例如，通过对观看数据、分享数据和互动数据的分析，创作者们可以实时了解作品的表现，及时调整内容和策略。数据分析还可以帮助创作者们深入理解作品的成功和失败因素，例如，通过 A/B 测试和因果推理分析，发现影响作品效果的关键因素。

第四，数据分析可以帮助创作者们优化资源分配。例如，通过对创作成本、营销效果和收益的数据分析，创作者们可以更科学地分配资源，提高投资回报率。数据分析还可以帮助创作者们评估和选择合作伙伴，如通过对合作伙伴的表现、信誉和影响力的数据分析，选择更合适的合作伙伴。

四、智能媒体对娱乐行业的发展模式的影响

（一）娱乐行业的去中心化趋势

娱乐行业的去中心化趋势，主要表现在两个方面。一方面，娱乐内容的生产和传播越来越不依赖于传统的大型媒体公司和机构。随着数字技术的发展和互联网的普及，任何人都可以成为内容的生产者和传播者，而不仅仅是被动的内容消费者。例如，通过社交媒体平台，个人可以轻易地创作和分享自己的音乐、视频、文字等内容，而这些内容甚至有可能获得大规模的关注和传播，形成强大的影响力。这种现象被称为“用户生成内容”（User Generated Content，UGC），它正在颠覆传统的娱乐内容生产和传播模式，使娱乐行业越来越去中心化。

另一方面，娱乐内容的消费也越来越去中心化。过去，人们通常通

过电视、电影院、音乐厅等集中的渠道来消费娱乐内容。而现在，人们可以通过手机、电脑、智能电视等个人设备，随时随地地享受各种娱乐内容，而这些内容往往来自全球各地。例如，通过数字音乐平台，人们可以轻易地听到来自世界各地的音乐；通过在线视频平台，人们可以观看到来自不同国家和地区的电影、电视剧、综艺节目、纪录片等内容。这种现象被称为“长尾效应”（Long Tail Effect），它意味着即使是小众的、非主流的娱乐内容，也有可能找到自己的目标观众，实现市场的价值。

从更深层次来看，娱乐行业的去中心化趋势，实际上是一个由集权到分权、由一对多到多对多的过程。在这个过程中，娱乐内容的生产、传播和消费变得越来越民主化，每个人都可以参与其中，表达自己的声音，实现自己的价值。同时，娱乐内容也变得越来越多元化，可以满足人们不同的个性化需求。而智能媒体作为这个过程的主要驱动力，正在不断推动娱乐行业的创新和发展，使其更加开放、自由、活跃和有趣。

（二）社区化与用户生成内容的崛起

在智能媒体的帮助下，社区化现象正在娱乐行业中广泛发展。具体表现在，消费者不再仅仅是娱乐产品的被动接受者，而是成为积极参与者和创造者。通过社区化的平台，他们可以分享自己的观点、经验和创作，甚至直接参与到娱乐产品的设计和改进过程中来。例如，一些电视剧和电影的观众，不再只是在家里看电视或者去电影院看电影，而是通过社交媒体平台，发表自己的评论、分析和创作，甚至影响到剧情的发展和角色的塑造。这种社区化的参与方式，使得消费者更加深入地投入娱乐行业中，也使得娱乐产品更加丰富多样和贴近生活。

与此同时，用户生成内容也在娱乐行业中快速崛起。用户生成内容，指的是由消费者自己创作并发布在互联网上的内容，包括文字、图片、音乐、视频等各种形式的内容。在智能媒体的支持下，用户生成内容的生产和传播变得越来越简单、便捷和广泛。例如，任何人都可以通过智能手机，随时随地地拍摄和分享自己的视频；任何人都可以通过网络平台，发布自己的文章、音乐和艺术作品，甚至获得广大网友的认可和支持。这种用户生成内容极大地丰富了娱乐内容的类型和形式，并为娱乐行业的创新和发展提供了新的动力和方向。

（三）娱乐行业的数据驱动模式

数据驱动模式正在改变娱乐营销的方式和策略。在数据驱动模式下，娱乐企业不再依赖于传统的广告和推广方式，而是通过分析消费者的数据，实现精准营销和个性化推荐。例如，音乐流媒体平台可以通过分析用户的听歌记录，推荐符合用户喜好的歌曲和歌手；电视台可以通过分析用户的收视数据，精准地进行节目调整和广告投放。此外，数据驱动模式也正在改变娱乐服务的方式。过去，娱乐服务主要是线下的，如电影院、演唱会等。现在，在数据驱动模式下，娱乐服务开始转向线上，如在线视频、音乐流媒体等。通过在线服务，娱乐企业可以更加方便地收集和分析用户数据，从而提供更加个性化和高效的服务。

数据驱动模式对娱乐行业发展模式产生了重要影响。在这种模式下，数据成为娱乐行业的重要生产要素和价值源泉，推动了娱乐行业的创新和发展。未来，随着数据技术和智能媒体的进一步发展，数据驱动模式将会在娱乐行业中发挥更加重要的作用。

第四节　智能媒体在广告行业的应用

智能媒体在广告行业的应用为广告投放、创意设计和效果评估提供了新的机遇和工具，如图 5-4 所示。随着智能媒体的发展，它将继续推动广告行业向精准、创新和数据驱动的方向发展。

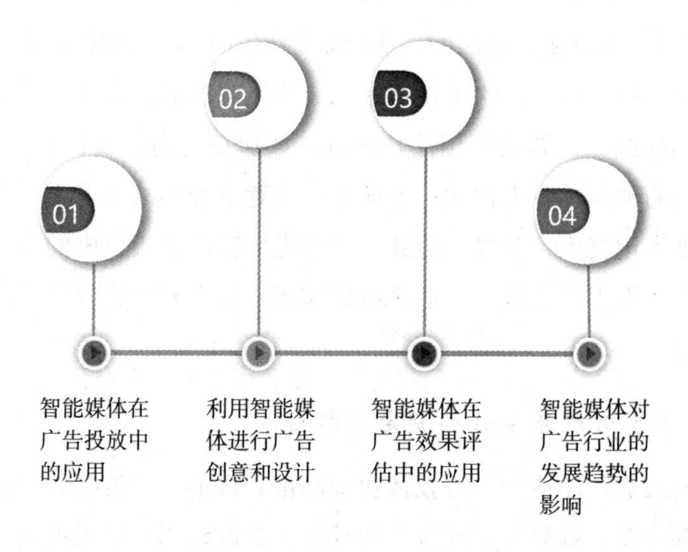

图 5-4　智能媒体在广告行业的应用

一、智能媒体在广告投放中的应用

（一）程序化广告购买的实施

程序化广告购买，是一种以算法为基础，根据消费者行为和环境数据自动进行的广告投放模式。这种模式有助于实现广告的精准投放，提高广告的生效率和返回率。

智能媒体在程序化广告购买中的一个重要应用，是使用数据分析和机器学习技术，进行精准的目标人群识别和定位。这些技术可以收集和处理大量的用户行为数据，包括用户的搜索历史、浏览历史、购物习惯等信息，从而识别出用户的需求和兴趣，定位出最可能对广告感兴趣的目标人群，从而进行精准的广告投放。例如，如果分析结果显示，一个用户最近在搜索和浏览与旅游相关的内容，那么广告商就可以将与旅游相关的广告投放给这个用户；或者，一个用户最近在浏览和购买儿童用品，那么广告商就可以将儿童用品的广告投放给这个用户。这样，广告的内容就可以与用户的需求和兴趣更好地匹配，从而提高广告的吸引力和转化率。

然而，程序化广告购买也带来了一些新的挑战。例如，如何在保护用户隐私的同时，有效利用用户数据；如何在提高自动化程度的同时，保持广告的创意性和人性化；如何在广告竞争加剧的环境中，提升广告的区分度和记忆度；等等。因此，智能媒体在广告投放中的应用，不仅需要技术的发展，还需要行业规范的完善，以提升广告效果，同时保障用户体验。

（二）实时投放策略的制定和执行

实时投放策略能让广告投放更加精准。以前，广告投放主要依赖人工判断和经验，效果并不理想。而现在，智能媒体可以根据用户的行为数据，实时分析用户的兴趣和需求，然后根据这些分析结果，将最相关的广告投放给最可能感兴趣的用户。采用这样的策略，不仅可以提高广告的转化率，还可以降低广告成本，提高广告的投资回报率（ROI）。传统的广告投放策略通常需要提前制定好，并且在广告投放过程中，很难进行调整。而采用实时投放策略，则可以根据实时的用户行为和市场变化，随时调整策略。比如，如果智能媒体发现某种广告在某个时间段的转化率比较高，那么它就可以自动调整策略，把这种广告投放在这个时间段。这种灵活的投放策略，可以让广告投放更加适应市场的变化，提高广告的效果。实时投放策略也能让广告投放更加自动化。通过使用智能媒体，广告商可以把广告投放的决策过程自动化，无须人工干预。这样，广告商就可以把更多的时间和精力用在更重要的事情上，如广告创意的设计和优化。

二、利用智能媒体进行广告创意和设计

（一）基于数据的广告创意生成

基于数据的广告创意生成是一种革命性的广告设计方法，它将数据

分析和人工智能技术融入广告创意的生成过程中，实现了广告创意的自动化和智能化。这种方法既提高了广告创意的生成效率，也为广告创意带来了新的灵感和可能性。在基于数据的广告创意生成中，数据是关键。数据可以有多种来源，如用户行为数据、市场研究数据、社交媒体数据等。这些数据包含了丰富的信息，如用户的需求和兴趣、市场趋势和竞争状况、社交媒体上的热门话题等。通过对这些数据的分析和挖掘，广告创作者可以了解目标人群的需求和兴趣，把握市场的趋势和竞争状况，发现社交媒体上的热门话题，从而生成符合用户需求、应对市场竞争、反映社会热点的广告创意。

在这个过程中，人工智能技术，特别是机器学习和深度学习技术发挥了重要作用。这些技术可以自动地对大量的数据进行分析和挖掘，发现其中的规律和模式，预测用户的行为和市场的变化，生成具有针对性和吸引力的广告创意。例如，深度学习技术，可以根据用户的行为数据，自动生成与用户需求和兴趣相关的广告文案和图片；机器学习技术，可以根据市场研究数据，自动生成应对市场竞争的广告策略；自然语言处理技术，可以根据社交媒体数据，自动生成反映社会热点的广告主题。

基于数据的广告创意生成也为广告创作者提供了丰富的实验和优化机会。广告创作者可以通过实验，测试不同的广告创意对用户的吸引力，然后根据实验结果优化广告创意，提高广告的吸引力和转化率。例如，使用 A/B 测试，可以测试不同的广告文案、图片和布局的效果，通过比对选择效果最好的一种进行投放；使用数据分析，可以监控广告的展示效果，然后根据展示效果，动态地调整广告的内容和形式。

（二）用户参与的创意过程和内容生成

用户参与的创意过程和内容生成是智能媒体广告设计发展的一个新趋势，它将用户从传统的接收者角色提升为创作者，形成了一种新的广告创作模式。这种模式不仅让广告创意更具吸引力，而且增强了广告与目标受众之间的连接，进一步提升了广告的有效性。在这种模式下，广告创作不再是一个封闭的过程，而是一个开放、协作的过程。广告创作者通过社交媒体、网络论坛、用户生成内容平台等智能媒体平台，向用户征集广告创意，接受用户的反馈和建议，甚至邀请用户参与广告的设计和制作。这既可以激发用户的创造力，也能够使广告创意更加贴近用户的需求和期望，从而提高广告的吸引力。用户参与的创意过程也让广告更加社会化和人性化。用户不仅可以看到自己的创意被实现，也可以在分享和讨论的过程中，与其他用户和广告创作者建立起社区关系。这种社区关系提升了用户对广告品牌的忠诚度，也使广告的传播更具社会影响力。

用户参与的内容生成是这种模式的另一个重要方面。在用户参与的内容生成中，智能媒体扮演着至关重要的角色。智能媒体平台，如社交媒体、内容分享平台等，为用户提供了一个展示自我、表达意见、分享内容的空间。在这些平台上，用户可以随意分享自己的生活照片、视频、故事等内容。这些由用户生成的内容，具有真实感和个人色彩，容易引起其他用户的共鸣和关注。用户参与的内容生成也可以提高广告的有效性。通过用户参与，广告创作者可以更好地了解用户的需求和兴趣，从而设计出更符合用户喜好的广告内容。用户对自己参与生成的广告内容也会有更深的情感投入，更容易产生购买行为。

（三）多元化媒体元素的融合设计

随着智能媒体的发展，广告创意和设计已经不再局限于单一的媒体形式，而是越来越多地采用多元化的媒体元素进行融合设计。这种多元化媒体元素的融合设计，充分利用了各种媒体形式的优势，使广告内容更加丰富和生动，提高了广告的吸引力和感染力。多元化的媒体元素包括文字、图片、声音、视频、动画、交互设计等多种形式。这些媒体元素各有特色，各有优势，通过融合设计，可以产生 1+1>2 的效果。例如，文字可以准确传达信息，图片可以直观展示产品，声音可以创造氛围，视频可以讲述故事，动画可以增加趣味性，交互设计可以提高用户参与

度。通过将这些媒体元素有机融合，广告内容将会更加丰富多样，更具吸引力。

在实际操作中，多元化媒体元素的融合设计需要考虑多个方面。一是需要根据广告目标和目标受众，选择合适的媒体元素。不同的广告目标和目标受众，可能需要不同的媒体元素。例如，如果广告的目标是增加品牌知名度，需要使用更具视觉冲击力的图片和视频；如果目标受众是年轻人，需要使用更具互动性和趣味性的动画和交互设计。二是需要注意媒体元素之间的协调和整合。不同的媒体元素虽然各有优势，但也需要进行适当的调整和配合，以形成完整和协调的广告内容。例如，文字和图片需要配合，才能实现清晰和生动的信息传递；声音和视频需要配合，才能讲述一个富有氛围和情感的故事。

三、智能媒体在广告效果评估中的应用

（一）实时广告效果的追踪和分析

广告效果评估是广告投放过程中的关键环节，用于了解广告投放是否达到预期效果，以便决定后续优化或策略调整的方向。传统的广告效果评估方法往往依赖于人工收集和处理数据，耗时耗力且效率低下。随着智能媒体的发展，实时广告效果的追踪和分析成为可能。智能媒体能够实时收集广告投放的相关数据和信息，包括广告的曝光量、点击量、分享量、评论量等，以及用户对广告的反馈和情绪等信息。这些数据和信息在用户与广告的互动过程中自动产生，无须人工介入，大大提高了数据收集的效率。智能媒体可以利用大数据分析和机器学习技术，对收集到的数据和信息进行实时处理和分析。通过分析，可以获取广告效果的实时数据，如广告的曝光率、点击率、转化率等，了解广告投放的实时效果。例如，如果分析发现某个广告的点击率低于预期，可以及时调整广告的内容或投放策略，以提高广告的效果。智能媒体还可以利用预测算法，根据历史数据预测广告的未来效果。例如，可以预测某个广

告在接下来的时间段内的曝光量、点击量等，以便及时调整广告的投放计划。

（二）AI 辅助的效果预测和评估

在当今数字化时代，企业对于广告效果的追求越来越高，不仅要求广告能够吸引眼球，提高品牌知名度，还希望广告能够带来实际的销售转化，增加商业收益。面对这些要求，智能媒体正以其强大的数据处理能力和高级的预测分析能力，在广告效果预测和评估方面发挥着重要作用。

AI 可以通过大数据分析和深度学习，为广告投放前的预测性评估提供强有力的支持。AI 能够对大量的历史广告数据进行分析，找出影响广告效果的关键因素，如广告投放的时间、地点、媒介、受众等，然后通过复杂的算法模型预测未来广告的效果。这种预测不仅包括广告的曝光量、点击量、转化率等基础指标，还包括广告对于品牌形象、用户满意度等的更深层次影响。通过预测，广告创作者和投放者可以在广告上线前就对其效果有一个明确的期望，有针对性地调整广告策略，从而获得最佳的广告效果。

AI 在广告投放后的效果评估中也发挥了关键作用。传统的广告效果评估通常需要人工收集大量数据，然后进行复杂的分析计算，不仅效率低下，而且易于出错。AI 可以自动收集广告投放的实时数据，通过机器学习和数据挖掘技术，自动进行效果评估。这种评估准确度高，实时性强，可以帮助广告投放者快速了解广告效果，及时调整广告策略。

（三）数据驱动的广告效果优化

1. 实时监控和数据分析

智能媒体可以实时收集广告的曝光率、点击率、转化率等数据，以及用户的行为数据、反馈数据等，然后进行深度分析，评估广告的实时效果，发现问题和机会。例如，通过分析用户的点击路径和停留时间，

可以判断广告的吸引力和用户的兴趣点，从而优化广告内容和形式；通过分析用户的反馈和评论，可以了解用户对广告的态度和需求，从而调整广告策略。

2. 基于数据的决策支持

智能媒体可以根据广告效果的数据分析，为广告主提供决策支持。例如，通过对比不同广告的效果，帮助广告主选择最有效的广告投放方案；通过预测广告的长期效果，帮助广告主决定是否持续投放某一广告；通过分析广告效果和投放成本的关系，帮助广告主决定如何分配广告预算。

3. 个性化的广告优化

智能媒体可以根据每个用户的行为数据和反馈数据，进行个性化的广告优化。例如，对于已经对广告产生兴趣的用户，为其推送更详细的产品信息或优惠信息；对于对广告反应冷淡的用户，调整广告的内容或形式，以增加吸引力。这种个性化的广告优化，可以提升广告的转化率，提高广告效果。

4. 自动化的广告调整

通过机器学习和 AI 算法，智能媒体可以自动进行广告效果的优化调整。例如，通过 A/B 测试，可以自动测试不同广告的效果，经过比对，选择效果最好的广告；通过强化学习，可以自动调整广告的投放策略，以达到最优的广告效果。这种自动化的广告调整，大大提高了广告优化的效率和精度。

（四）消费者行为分析及其反馈在评估中的应用

智能媒体对消费者行为的深度分析及其在广告效果评估中的应用，正在改变广告行业的游戏规则。传统的广告效果评估往往是后续的、被动的，而在智能媒体的支持下，广告效果评估已经变成了前瞻的、主动的，能够实现对广告投放的全过程实时跟踪和优化。

对消费者行为的实时追踪和深度分析，是智能媒体在广告效果评估中的重要应用之一。通过对消费者的浏览记录、搜索记录、点击记录、购买记录等大量的行为数据进行收集和分析，智能媒体可以描绘出消费者的详细画像，包括消费者的兴趣偏好、购买习惯、价格敏感度等多维度的信息。利用这些信息可以定位目标人群，精准投放广告，也可以评估广告的实际效果，如广告的吸引力、影响力、转化力等。消费者的反馈数据是评估广告效果的另一重要数据来源，包括消费者对广告的直接反馈，如点击率、转化率、满意度评价等，也包括消费者的间接反馈，如口碑传播、社交媒体互动等。这些反馈数据反映了广告的实际效果，能够帮助广告主找出问题，优化广告。例如，如果某个广告的点击率低，可能说明广告的吸引力不足，需要改进广告的创意或设计；如果某个广告的转化率低，可能说明广告的引导不明确或者产品的吸引力不足，需要改进广告的结构或者提高产品的价值。

四、智能媒体对广告行业的发展趋势的影响

（一）全渠道、全程态的广告生态形成

全渠道的广告生态是指，广告投放不再限于单一的媒体或平台，而是在多种媒体和平台上进行，形成一个覆盖全渠道的广告网络。这些渠道包括传统的电视、报纸、杂志、户外广告等，也包括互联网、移动设备、社交媒体、电子商务平台、搜索引擎等新媒体和新平台。这些渠道的融合，使得广告能够更全面、更深入地覆盖到消费者，提高广告的曝光率和影响力。

全程态的广告生态是指，广告投放不再是一个孤立的过程，而是融入产品和服务的全生命周期中，形成一个全程的广告流程。这个流程包括产品研发、市场分析、广告策划、广告创作、广告投放、效果评估、反馈调整等多个环节。每个环节都可以借助智能媒体的技术，进行数据收集、数据分析、数据应用，提高工作的效率和效果。

（二）广告行业的个性化和精细化发展趋势

个性化是指根据每个消费者的特点和需求，提供定制化的广告内容。过去，广告创作者主要依赖人工的猜测和经验来制定广告策略；现在，智能媒体可以利用大数据技术，收集和分析大量的用户行为数据，从而了解每个用户的喜好、需求、行为习惯等，据此生成具有针对性的广告内容。智能媒体还可以利用机器学习和人工智能技术，自动产生和调整广告内容，使其更符合用户的个性化需求。

精细化是指通过精确的目标定位和精确的效果评估，实现广告的精细化管理。在目标定位方面，智能媒体可以利用用户行为数据、社交网络数据等，精准识别目标用户群体，提高广告投放的命中率。在效果评估方面，智能媒体可以利用点击率、转化率、用户反馈等数据，实时评估广告的效果，从而为广告主及时调整广告策略提供支持。

个性化和精细化的广告，能够提高广告的转化率，提升广告效益，提升用户的体验，降低用户的反感和抵触感。它们使得广告不再是一种单向的、打扰式的宣传手段，而是一种双向的、互动式的沟通方式。

（三）以消费者为中心的广告策略的崛起

以消费者为中心的广告策略的实施，需要广告商具备以下几个能力：第一，能够收集和处理大量的用户数据；第二，能够对这些数据进行深度分析，洞察消费者的需求和喜好；第三，能够根据分析结果，快速调整广告内容和投放策略。智能媒体可以帮助广告商实现以上几个功能。智能媒体可以通过获取用户的搜索历史、浏览历史、社交网络等，收集大量的用户行为数据；通过人工智能和机器学习技术，对收集到的数据进行深度分析，识别出消费者的需求和喜好；根据分析结果，动态调整广告的投放时间、位置和内容，以优化广告效果。

以消费者为中心的广告策略的崛起，正在改变广告行业的运作方式。在这种策略下，广告不再是一种单向的、打扰式的宣传方式，而是一种双向的、互动式的沟通方式。广告商不再仅仅是信息的发布者，而是变成了消费者需求的发现者和满足者。这无疑提高了广告的有效性，也提升了消费者的满意度。

（四）数据驱动和技术驱动的广告行业变革

数据驱动变革的核心在于，以海量的、精细化的用户数据为基础，通过分析用户行为和喜好，制定出更精准、更有效的广告策略。这种策略的实施，需要大量的用户数据，也需要强大的数据处理和分析能力。而这两个条件，正是智能媒体所具备的。

智能媒体具有强大的数据处理和分析能力。通过人工智能和机器学习技术，智能媒体可以对收集到的海量数据进行深度分析，从中挖掘出有价值的信息，如用户的需求、喜好、行为习惯等。这使得广告商可以根据这些信息，制定出更符合用户需求的广告内容和投放策略。

技术驱动的变革，则主要体现为广告的创意、制作、投放和评估等环节的技术化。例如，智能媒体可以利用虚拟现实、增强现实等技术，创作出新颖、吸引人的广告内容；可以利用程序化购买、实时投放等技术，优化广告的投放效果；可以利用大数据分析、机器学习等技术，对广告的效果进行精准评估。

数据驱动和技术驱动的变革，正在带领广告行业走向更高水平的智能化、精细化。在这个过程中，智能媒体将发挥越来越重要的作用。

第六章　智能媒体的未来挑战与机遇

第一节　智能媒体面临的挑战

智能媒体在广告行业中扮演着重要的角色，然而，这也带来了一系列的挑战，其中最大的挑战就是数据收集和处理方面的问题，如图 6-1 所示。面对诸多挑战，一方面，需要采取措施，加强用户隐私保护和数据安全，不断改进技术手段，提高数据处理的效率和准确性；另一方面，要注重保证数据的公正性和透明度，加强合规管理和伦理意识，确保数据的合法性和可信度。只有这样，智能媒体才能更好地为广告行业提供支持。

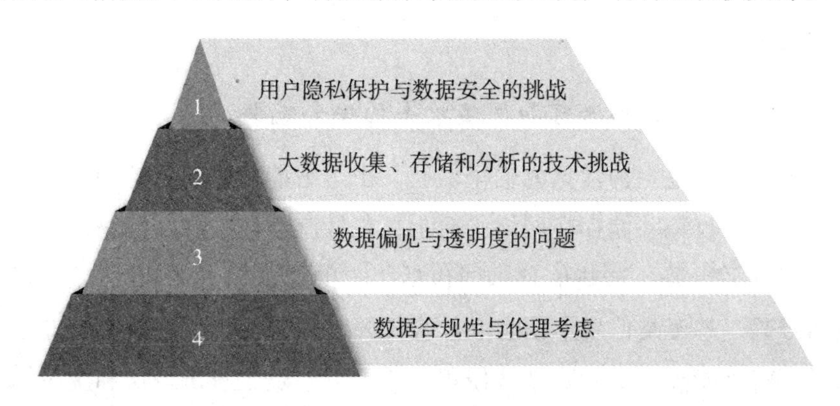

图 6-1　智能媒体面临的挑战

一、用户隐私保护与数据安全的挑战

（一）对个人隐私信息的保护需求

随着智能媒体和数据驱动技术的发展，大量的个人信息被收集、存储和处理，这包括但不限于人们的网络行为、消费习惯、个人偏好、位置信息等。这些信息为人们提供了更个性化的服务，但也给人们的隐私保护带来了潜在的威胁。面对这个问题，有必要在媒体、企业、政府和个人之间建立一个平衡。在这个平衡中，媒体、企业、政府和个人需要认识到个人隐私的重要性，尊重用户的隐私权，制定和实施有效的数据保护政策和实践。公众需要了解并保护自己的隐私权，培养自己的数字素养，以在享受智能媒体带来的便利和价值的同时，保护自己的隐私。在处理个人隐私信息的保护需求时，人们不能忽视技术的作用。例如，匿名化和加密技术可以保护用户的隐私，并允许数据的合法和有价值的使用。此外，尊重用户的数据所有权，让他们能够控制自己的数据如何被收集、使用和共享，也是一个重要的考虑因素。

需要注意，随着技术的发展，对隐私的定义和保护需求也在不断变化。例如，随着大数据、人工智能和物联网等技术的发展，人们可能需要重新考虑什么是个人信息，以及如何更好地保护这些信息。因此，满足对个人隐私信息的保护需求不仅需要人们现在的努力，还需要人们持续的关注。

（二）针对数据泄露和网络攻击的安全威胁

数据泄露是一种常见的安全威胁。由于智能媒体的普遍使用，大量敏感信息被收集并储存在网络平台上，如社交媒体、在线购物网站、流媒体服务平台等。这些信息可能包括用户的个人信息，如姓名、地址、电话号码，甚至是信用卡信息和社会保障号码等。当这些信息被非法获取时，就可能导致个人隐私被侵犯，甚至可能发生身份盗窃和金融欺诈等严重问题。而且，一旦数据泄露，其后果可能长期存在，难以消除。

网络攻击也是一种严重的安全威胁。黑客可以利用各种手段攻击智能媒体平台，窃取数据，或者破坏其正常运行。例如，通过分布式拒绝服务攻击（DDoS），黑客可以让网站或服务不可用；通过勒索软件，黑客可以锁定数据，并索要赎金；通过网络钓鱼，黑客可以诱骗用户泄露密码或其他敏感信息。这些攻击不仅对用户造成损害，也对智能媒体平台的运营提出了挑战。

为了应对这些安全威胁，需要采取多种措施。一方面，需要强化技术防护，包括使用安全协议、加密技术、防火墙、入侵检测系统等；另一方面，需要提高用户的安全意识，教育他们如何保护自己的信息，如使用复杂密码、定期更换密码、不轻易点击未知链接等。此外，还需要有法律法规来规范数据的收集和使用，保护用户的权益。

（三）用户对数据安全的信任问题

智能媒体的一大特点是其对数据的依赖性。为了提供个性化的服务，智能媒体需要收集和分析大量的用户数据，包括用户的在线行为、购物习惯、搜索记录、社交媒体活动等。然而，这种数据收集行为可能引发用户的隐私担忧。他们会担心自己的个人信息被滥用，用于实现他们不知情或不同意的目的，例如，他们的信息可能被用于投放过度的定向广告，或者被出售给第三方。尽管大多数智能媒体平台都有一定的数据保护措施，但数据泄露事件的频发使用户对这些措施的有效性产生了质疑。每当一次大规模的数据泄露事件发生，无论是由于黑客攻击还是因为内部错误，都会对用户的信任度产生重大影响。用户还可能对智能媒体平台如何使用和分享他们的数据持怀疑态度。虽然大多数平台都有隐私政策，但这些政策通常很难理解，用户可能不清楚他们的数据如何被使用。这种不确定性进一步加剧了用户的不信任感。

（四）跨境数据传输的安全和合规挑战

在跨境数据传输中，如何保证数据的安全性是一大挑战。数据在传输过程中可能会被拦截或窃取，可能会被恶意软件感染，或者在网络攻击中被破坏。由于数据需要经过多个节点才能到达目的地，数据的保护措施可能会在某些节点上变得薄弱，使数据面临被泄露或被篡改的风险。不同的国家和地区有着不同的数据保护法规。例如，欧盟的《通用数据保护条例》（GDPR）对数据主体的权利、数据处理者的义务以及跨境数据传输进行了详细规定。如果智能媒体在进行跨境数据传输时没有遵守目的地国家的相关法规，可能需要承担严重的法律责任。

解决跨境数据传输的安全和合规问题需要智能媒体企业、政策制定者和用户共同努力。智能媒体企业需要建立健全的数据安全保护机制，采取加密、匿名化等技术手段保护数据的安全，也需要建立数据合规管理制度，确保数据处理和传输的合规性；政策制定者需要制定适应时代发展的数据保护和隐私保护法规，为跨境数据传输提供法律指引；用户需要提高自身的数据保护意识，理性使用智能媒体服务，保护自己的数据安全。

二、大数据收集、存储和分析的技术挑战

（一）海量数据有效收集的策略

随着科技的发展，每天都有海量的数据被生成，这些数据分散在不同的终端和平台，形式多样，包括文本、图片、音频、视频等。对这些海量数据进行有效收集，既需要合理的策略，又需要强大的技术支持。

确定数据收集的目标和范围是非常重要的。不是所有的数据都对智能媒体的运营有价值，无目标的收集只会浪费资源，增加数据处理的难度。因此，智能媒体需要根据自身的业务特性和发展策略，明确数据收集的目标，如用户画像的建立、广告效果的评估、市场趋势的预测等；还需要确定数据收集的范围，包括数据类型、数据来源、时间范围等。充分利用技术手段，能够有效实现自动化、智能化的数据收集。例如，可以利用网络爬虫技术，自动抓取互联网上的公开数据；利用 API 接口，

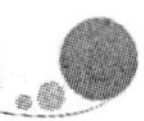

获取合作伙伴的数据；利用数据采集软件，收集用户的行为数据；利用AI技术，实现对非结构化数据的识别和收集。

在对海量数据进行收集时，也可能出现一些挑战，如网络爬虫可能会被目标网站的防爬机制所阻挡；非结构化数据的收集和处理需要高复杂度的技术；大量的实时数据的收集，需要高效的数据处理和存储系统；等等。

（二）大数据的存储和管理问题

存储海量数据需要大量的硬件资源和存储空间。传统的数据存储方式往往难以满足大数据的存储需求，因此需要借助新的存储技术，如分布式存储系统，它将数据分散存储在多个服务器上，提高了存储空间和数据访问的效率。但这也会增加数据的管理复杂度，需要独特的技术和策略来保证数据的一致性和可用性。数据中可能包含企业的核心商业信息和用户的敏感信息，如何防止数据被非法访问和使用，是一个重要的问题。智能媒体需要借助加密技术、访问控制技术等技术手段，保护数据的安全；还需要定期进行数据的备份和恢复，以防数据丢失。数据的格式和结构可能非常复杂，如何有效地组织这些数据，提高数据的查询和分析效率，也是一个技术挑战。例如，智能媒体可能需要使用数据库技术、搜索引擎技术、数据仓库技术等，实现对大数据的有效管理。不是所有的数据都需要永久保存，随着时间的推移，一些数据可能失去了价值，或者不再符合法规的要求，需要被删除或归档。如何制定合理的数据生命周期管理策略，既节省存储资源，又满足法规要求，也是大数据存储和管理需要解决的问题。

（三）高效精准的数据分析和挖掘方法

要处理的数据类型多种多样，包括结构化数据、非结构化数据以及半结构化数据。结构化数据，如数据库中的表格数据，相对容易处理，因为其拥有预定义的数据模型和格式。然而，非结构化数据（如文本、音频、视频和图像）和半结构化数据（如 JSON 和 XML 文件）的处理则非常复杂，因为这些数据没有固定的格式和结构。因此，智能媒体需要探索和开发新的技术和方法，对这些数据进行有效的分析和挖掘。数据可能存在缺失、错误、重复、不一致等问题，这些问题都会影响数据分析的结果。因此，智能媒体在进行数据分析之前，需要对数据进行清洗和预处理，确保数据的质量。但这个过程既耗时又耗力，而且很难保证完全没有错误。现在的数据规模非常大，使用传统的数据分析方法和工具难以处理。因此，需要采用大数据技术，如分布式计算、并行计算等，提高数据分析的效率。但是，如何选择和设计合适的大数据技术方案，以及如何优化和调整这些方案，都需要大量的技术知识和经验。随着大数据的不断发展，数据分析的复杂度也在不断增加。现在的数据分析既需要统计和描述数据，还需要完成预测、分类、聚类、关联分析等复杂的分析任务，这些任务需要用到机器学习、数据挖掘、人工智能等先进的技术。如何选择和设计合适的算法，以及如何优化和调整这些算法，都是智能媒体需要面对的挑战。

（四）实时数据处理和决策的技术挑战

无论是为用户推送个性化的内容，还是为广告商制定精准的营销策略，都需要对大量的实时数据进行快速、准确的处理和分析。因此，实时数据处理和决策面临着许多技术挑战，主要涉及以下几个方面，如图 6-2 所示。

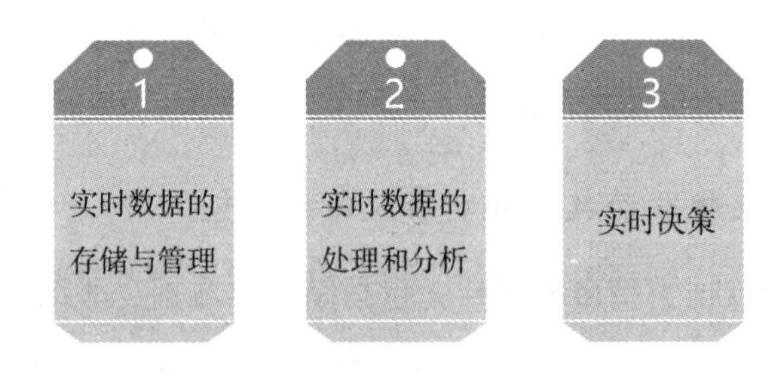

图 6-2　实时数据处理和决策的技术挑战

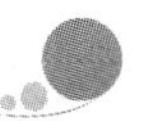

1.实时数据的存储与管理

在处理大规模实时数据时，传统的数据库系统可能面临难以克服的挑战，因为传统数据库的存储能力、查询速度和处理能力可能无法满足处理实时数据的需求。实时数据的特点是数据量大、更新频繁，这需要数据库具有极高的写入速度和查询速度。但传统的数据库系统，如关系数据库，设计之初并未考虑到如此高的需求，因此在处理实时数据时性能不足。为了解决这一问题，许多新的数据存储和管理技术被研发出来。例如，分布式数据库可以通过在多台计算机上分布存储数据，来提高存储能力和查询速度，这样不仅可以处理数据量更大的数据，也可以通过并行查询来提高查询速度；内存数据库则是通过将数据存储在内存中而不是硬盘上，来提高写入速度和查询速度，因为内存的读写速度远快于硬盘，所以内存数据库可以更好地满足实时数据处理的需求。

然而，这些新的数据存储和管理技术的使用和维护并不简单，它们通常需要专门的技术知识和经验。例如，维护一个分布式数据库可能需要对分布式系统有深入的了解，而内存数据库的使用要求操作人员对内存管理有深入的了解。另外，这些新技术也有自己的限制和问题。例如，分布式数据库可能会面临数据一致性的问题，而内存数据库可能会面临数据持久性的问题。

2.实时数据的处理和分析

实时数据的处理和分析需要非常高的计算性能。一方面，实时数据的规模通常非常庞大，来自不同渠道的数据需要被同时处理和分析，这要求使用高性能的计算系统和算法，以确保数据能够在实时性要求下被及时处理和分析。另一方面，数据除需要被收集和清洗外，还需要进行特征提取、模式识别和预测分析等复杂操作，这涉及使用高级算法和模型来处理数据，以发现数据中的隐含模式和趋势。为了实现实时决策，数据的处理和分析也需要在短时间内完成，这对计算性能和效率提出了更高的要求。

3. 实时决策

实时决策需要基于数据处理和分析的结果，进行快速、准确的决策。这需要使用到复杂的算法，如机器学习算法、优化算法等。如何选择和设计合适的决策算法，如何优化和调整这些算法，都是其面临的技术挑战。

三、数据偏见与透明度的问题

（一）数据收集的不公平和偏见问题

数据的产生和收集并不是一个中立的过程，它受到各种社会经济因素的影响，包括人们的行为、观念、制度等。这可能导致某些人群、某些地区、某些行为模式等被过度关注，而其他人群、地区、行为模式则被忽视，最终导致数据的偏见，即数据并不能准确地反映真实的情况，而是倾向于反映某些特定的情况。数据的收集往往还涉及个人隐私，虽然有一些方法可以保护个人隐私，如匿名化、去标识化等，但这些方法并不完全可靠，可能存在隐私泄露的风险。而且，一些敏感的个人信息，如性别、种族、疾病等，可能会被用于歧视或不公平对待。因此，如何在保护隐私和收集有效数据之间取得平衡，也是一个挑战。数据的收集和使用应当透明和可审计，这是因为数据的收集和使用涉及众多的利益相关者，包括数据的提供者、使用者、监管者等，透明和可审计可以帮助这些利益相关者了解数据收集和使用的过程，确保其合规性和公平性。但是当前的数据收集和使用过程往往缺乏透明性，这可能会引发一些不公平和滥用的问题。

（二）算法的不透明性和公平性问题

算法的不透明性主要表现在两个方面：一是算法的设计和实现，这往往涉及复杂的数学和计算机科学知识，对于普通用户来说难以理解；二是算法的运行，尤其是机器学习算法，其决策过程往往是不可解释的，

即使是对算法有深入理解的专家也难以解释其作出某个决策的具体原因。

算法的公平性问题主要源于算法在处理数据时可能产生的偏见。首先，如果输入数据存在偏见，那么算法可能会放大这种偏见。例如，如果用于训练机器学习算法的数据主要来自某一特定人群，那么算法可能会对这个人群的特性过度学习，而忽视其他人群的特性。其次，即使输入数据是公平的，算法本身的设计也可能引入偏见。例如，算法可能会过度依赖某些特征，而忽视其他重要的特征。

（三）偏见性数据对决策的影响

数据偏见会影响机器学习模型的训练，进而影响模型的预测效果。假设一个广告投放算法主要接收的数据来自年轻人，那么该算法可能在预测年轻人的购买行为时表现得比预测老年人的购买行为更准确。这是因为该算法的训练数据存在偏见，所以其学习到的模型不能很好地适应所有人群。数据偏见也可能导致资源分配不公。例如，一个基于数据驱动的产品推荐系统可能会将更多的资源分配给数据丰富的用户，而忽视数据稀疏的用户。这是因为对于数据丰富的用户，系统可以通过数据分析更准确地了解其需求，从而提供更个性化的服务。

（四）提高数据和算法的透明度的对策

数据透明度的提升可以从提高数据收集和处理过程的透明度开始。这意味着要明确数据的来源、数据的收集方法以及数据处理和分析的方法。透明的数据收集和处理过程有助于消除数据的不公平和偏见，使得基于这些数据的决策更加公正和有效。提高算法的透明度，需要让用户了解算法的工作原理，以及算法如何根据数据作出决策。这需要向用户提供更多关于算法的信息，如算法的输入和输出、算法的决策逻辑，以及算法可能的决策结果。更重要的是，需要为用户提供一个途径，让他们可以参与到算法的决策过程中，如提供反馈，或者修改算法的决策参数。

四、数据合规性与伦理考虑

（一）数据保护和隐私法规的合规性问题

由于智能媒体依赖于海量的数据进行运作，如何在利用这些数据的同时，确保用户的隐私得到保护，以及符合各地区的数据保护法规，是一个值得重视的问题。数据保护和隐私法规的遵守不仅需要有明确的政策和制度，而且需要在操作中具体实施。例如，智能媒体企业在进行数据收集时，需要获取用户的明确同意，并且让用户了解数据收集的目的、方式和范围；对于用户的个人信息，更需要有严格的保护措施，避免无关的第三方获取和使用。智能媒体企业还需要遵守各地的数据保护法规，数据的存储、使用和传输都需要符合当地的法规。对于跨境的数据传输，更需要注意数据的目的地是否有充分的数据保护措施，以及是否符合用户的数据保护需求。遵守数据保护和隐私法规的同时，智能媒体企业也不能忽视伦理方面的问题，包括如何公平地使用数据，如何避免在数据使用中产生歧视，以及如何确保算法的公正性。这些伦理问题的解决，需要企业有高度的社会责任感，以及严格的伦理标准。

（二）新技术和新应用的法规更新与监管挑战

新的技术和应用，如深度学习、机器学习、人工智能推荐系统等不断涌现，其功能远超以往，但也带来了新的法律和伦理问题。例如，这些新技术可能会对用户的隐私产生更深远的影响。由于技术的复杂性，用户可能对这些技术的运作方式和结果缺乏了解，如何确保技术的透明度，使得用户可以了解并接受，成为一个重要的挑战。新技术的快速发展也超越了现有的法律框架，传统的数据保护和隐私法规往往基于个人识别信息的收集、使用和披露，而新的技术和应用可能会涉及更多的数据种类和使用方式，这需要新的法律法规来保护用户的权益。在监管方面，监管机构需要不断更新自己的技术能力，以便对新的技术和应用有足够的了解，要有足够的资源，包括人力和财力，以便能够对新的技术

和应用进行持续的监督。

（三）推动技术伦理和公平性的社会责任

推动技术伦理和公平性的社会责任，在智能媒体领域变得日益重要。随着大数据和人工智能等技术的应用，智能媒体在塑造人们的信息环境和决策过程中扮演了关键角色。然而不公平的数据处理和算法偏见可能会导致社会不公和歧视，需要引起关注。

推动技术伦理和公平性的首要任务就是确保数据的公平性，因为数据是驱动智能媒体的基础，所以在数据收集和处理过程中要避免任何形式的偏见。这要求对数据来源进行审查，保证各种族群、性别、年龄和经济地位等的代表性，以避免数据偏见。对于数据的处理和利用，也需要遵循公平原则，保证不同人群不受不公平的待遇。智能媒体还需要尽力避免算法偏见。算法偏见通常是因为模型的设计和训练数据存在问题而产生的。这要求技术人员有足够的敏感性，能够了解和识别可能存在的偏见，并通过设计公平的算法和提供公平的训练数据，尽力消除这些偏见。推动技术伦理和公平性的社会责任，也意味着要进行持续的审查和反思。随着新技术的出现和发展，可能会出现新的伦理和公平问题，这就需要智能媒体持续关注这些问题，并时刻保持审查和反思。

需要注意，推动技术伦理和公平性的社会责任，仅仅依靠一方是不够的，它需要整个社会的参与，包括政府、企业、学术界、公众等，都应该在这个过程中发挥自己的作用，共同推动技术伦理和公平性的实现。

第二节　智能媒体的机遇

一、人工智能与机器学习的持续进步

人工智能与机器学习的核心在于，让机器从大量的数据中自我学习和提取知识，进而完成一些复杂任务，如图像识别、自然语言处理、预测分析等。这使得智能媒体能够从大量的数据中快速提取有价值的信息，进行精准的用户分析，优化内容推荐，提高用户体验。对于智能媒体来说，实时响应用户的需求和行为变化是十分重要的。通过深度学习等先进技术，智能媒体可以在接收到新的用户反馈后立即学习和调整，进行实时优化。此外，人工智能和机器学习的持续进步，也使自动化和智能化成为可能。比如，通过机器学习模型，智能媒体可以自动生产新闻文章、生成个性化广告，甚至自动创作视频内容，这不仅大大提高了生产效率，也提供了更个性化和多样化的内容供用户选择。还要提及的是，随着模型训练技术，如迁移学习、强化学习等的不断进步，机器可以更好地学习和适应新的环境和任务，也促使智能媒体能够更快地适应新的市场环境，满足用户不断变化的需求。

二、增强现实与虚拟现实技术的崛起

增强现实技术通过将数字信息融合到真实环境中，为用户提供了增强的感知体验。如今，这种技术已经在智能媒体中得到广泛应用。例如，基于地理位置的广告推送，可以在用户查看现实环境的同时，展示与环境相关的广告信息；在购物应用中，用户可以通过 AR 技术，在真实的居室环境中预览家具的摆放效果。这些应用极大地丰富了智能媒体的表现形式，增强了用户的参与感和沉浸感。

而虚拟现实技术则是通过创造一个全新的、模拟的环境，让用户完全沉浸其中。在这个虚拟世界中，用户可以获得身临其境的体验，甚至可以与环境进行交互。例如，通过VR头戴式显示设备，用户可以360度观看新闻报道，仿佛亲临现场；也可以进入虚拟的展览厅，欣赏博物馆的藏品。这种全新的体验方式，为智能媒体提供了前所未有的可能。

三、5G与云计算的普及带来的机遇

5G和云计算技术的普及，在智能媒体领域催生出诸多机遇，如图6-3所示。

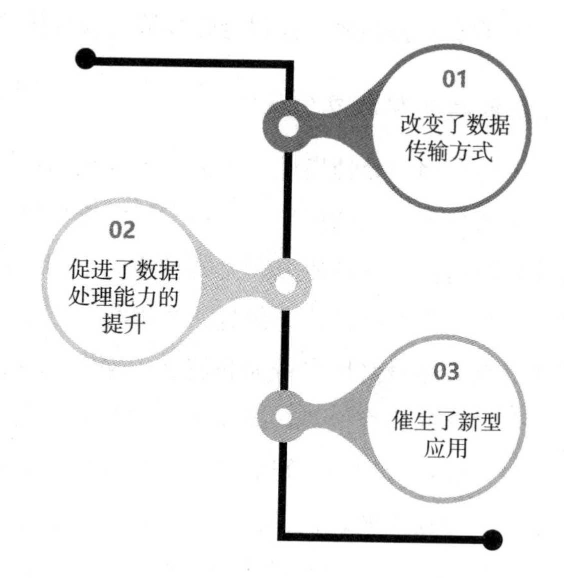

图6-3　5G与云计算的普及带来的机遇

（一）改变了数据传输方式

5G网络的广泛应用改变了数据传输的方式，对智能媒体产生了重大的影响。相比于4G网络，5G网络具备更高的带宽和更低的延迟，为实时数据传输和处理提供了更快速、更稳定的环境。这一特点对智能媒体而言具有重要意义，因为它使得用户可以在几乎无延迟的情况下实时接收和交互信息。对于新闻报道而言，记者可以通过实时直播将现场情况呈现给观众，观众可以几乎即时地了解发生的事件，这使得新闻报道更加生动、真实，并且能够及时更新，提供更全面的信息。对于在线教育来说，学生可以通过高清视频和实时互动，与远程教师进行面对面的学习，教师可以即时回答学生的问题，提供更好的教学体验，学生可以通过互动课堂和实时评估获得即时反馈，促进学习效果的提高。另外，直播行业也将因为5G网络迎来显著的发展。5G网络的高速传输使得直播内容更加流畅，减少了视频卡顿和加载时间，为用户提供了更好的观看体验。无论是体育赛事、音乐演出还是其他娱乐活动，观众都可以通过5G网络几乎实时地观看直播内容，获得身临其境的观赏体验。

（二）促进了数据处理能力的提升

云计算为数据的存储和处理提供了更为强大和灵活的平台。大数据分析需要处理海量的数据，包括用户行为数据、社交媒体数据、市场趋势数据等。云计算的高性能计算能力和大容量存储空间可以轻松处理这些庞大的数据集，从中提取有价值的信息，并进行深度学习和机器学习等算法的训练和优化。通过对用户行为和偏好的深度了解，智能媒体可以提供更准确、个性化的内容推荐，提高用户体验感和满意度。云计算还具有灵活性和可伸缩性的优势。智能媒体的数据处理需求可能随着用户量和数据规模的变化而不断变化，云计算平台可以根据需求进行资源的动态调配，以满足不同规模的数据处理需求。这使得智能媒体能够灵活应对不断变化的业务需求，提高了运行效率和成本效益。

（三）催生了新型应用

5G和云计算的结合为智能媒体的发展带来了新的机遇。例如，云游戏、远程医疗、无人驾驶等应用，都依赖于5G和云计算的高速、低延迟和大数据处理能力。这些新型应用拓宽了智能媒体的应用领域，也提升了用户的体验。

云游戏的出现彻底改变了游戏体验的场景和方式。传统的游戏需要下载大量数据并在本地运行，这对设备性能和网络速度都有很高的要求。然而，云游戏将游戏运行的过程放在了云端，利用5G的高带宽和低延迟特性，玩家只需要进行简单的操作输入，便可以实时接收游戏画面，享受流畅的游戏体验。这种模式大大降低了玩家的硬件成本，使游戏可以在任何有网络连接的设备上运行，无论是电视、手机还是电脑，都可以变成游戏的载体。这样的变化，让智能媒体在游戏领域找到了新的生存和发展空间。

在5G和云计算技术的加持下，医疗资源的分享和传递变得更加迅速和高效。特别是远程医疗，使得专家的诊疗服务超越地理限制，能够到达卫生资源相对匮乏的地区。通过远程医疗，患者可以在家接受医疗服务，避免了交叉感染风险，也减少了出行的麻烦和成本。智能媒体在此过程中起到了关键作用，如远程视频会诊、在线健康咨询、智能化病历管理等，都极大地提高了医疗服务的便利性和效率。

在交通方面无人驾驶代表了未来交通发展的重要方向。无人驾驶车辆需要通过5G网络实时接收和发送大量数据，如交通信息、路况信息、天气信息等，并通过云计算进行快速处理和决策，以保证行驶的安全和效率。智能媒体在其中发挥的作用不容忽视，如智能路牌识别、实时路况播报、车辆状态监控等功能，都依赖于智能媒体的支持。

四、物联网与智能设备的广泛应用

物联网设备如智能家居设备、智能手表、智能汽车等已经渗透到人们生活的各个方面。这些设备的存在使得智能媒体可以通过更多的渠道获取用户数据，从而实现更精准的个性化服务。例如，通过分析智能手表上的运动数据，智能媒体可以为用户提供定制化的健康管理方案；通过分析智能汽车的行驶数据，智能媒体可以为用户提供实时的路况信息和行驶建议。物联网设备本身也为智能媒体提供了新的交互方式。以智能音箱为例，它既可以作为信息的传递者，也可以作为信息的接收者，用户可以通过语音命令来控制音箱播放音乐、查询天气、设置闹钟等。这种交互方式使得用户与智能媒体的关系更加亲近，也增加了用户对智能媒体的使用频率。物联网设备的普及还催生了新的业务模式。智能设备不仅仅是硬件，更是一个服务平台。以智能电视为例，它可以播放电视节目，还可以安装各种应用，如视频网站、音乐软件、游戏等，为用户提供丰富的娱乐体验。这为智能媒体提供了新的商业机会，如通过应用商店收取分成、通过广告赚取收入等。

第三节　对未来智能媒体的展望

一、未来智能媒体的业态变化

（一）个性化和定制化服务的加强

对于媒体业，提供个性化和定制化服务已经成为未来发展的关键方向。这一趋势得以实现离不开大数据、人工智能、机器学习等尖端技术的支持，它们共同成就了智能媒体对用户需求的深度挖掘和细致了解，以提供更符合用户口味和需求的服务。

个性化服务意味着智能媒体在内容提供、用户接口设计、互动体验等方面，都能充分考虑用户的特定需求和偏好。比如，通过分析用户的历史浏览记录和偏好，智能媒体可以为用户推送其感兴趣的新闻、电影或音乐。这种基于用户行为和偏好的智能推荐，提高了用户的媒体消费体验，也增加了用户对智能媒体的黏性。而定制化服务则是将个性化服务提升到更高层次。它不仅在服务形式上考虑用户的需求，而且允许用

户对服务进行深度定制，以满足其独特的需求。例如，智能新闻平台可以让用户自定义新闻的类别和来源，甚至自定义新闻的呈现方式和界面布局。这样，用户可以根据自己的喜好和需求，构建一个真正属于自己的新闻阅读环境。

（二）跨媒体和多平台的整合发展

跨媒体的发展，使得媒体内容能在不同的平台、不同的设备、不同的场景中进行无缝连接，用户可以在任何地点、任何时间，通过任何设备来获取和使用媒体内容。例如，用户可以在手机上查看新闻，然后在平板电脑上看完全文，在电视上观看相关的视频内容，甚至在智能音箱上听取相关的音频报道。这种跨媒体的整合，让用户能够在各个媒体之间自由穿梭，获得全方位、多角度的信息体验。多平台的发展，也使得用户不再局限于某一特定的平台或应用，而是可以在各种不同的平台和应用之间自由选择。例如，用户可以在社交媒体上获取新闻，也可以在专业的新闻网站或应用上获取新闻，甚至可以在搜索引擎上直接获取新闻信息。这种多平台的发展，让用户的信息获取变得更为方便和灵活。

（三）商业模式的创新与多元化

在未来的智能媒体业态中，商业模式的创新与多元化将显得尤为关键。在大数据、云计算、人工智能等技术驱动下，智能媒体的商业模式正经历着从传统的广告驱动模式向更为多元、灵活和个性化的模式转变。

首先，订阅模式日益成为主流。通过提供高质量、有价值的专业内容，吸引用户付费订阅，已经被证明是一种可行并能够产生稳定收入的模式。例如，许多新闻机构已经实施了付费阅读制度，即通过定制化的新闻订阅服务，提供更为深入、全面的报道来满足用户需求。其次，面向企业的服务模式也在不断发展。智能媒体能为企业提供基于大数据的市场分析、广告定位等服务。通过深度挖掘用户数据，智能媒体能够帮助企业更精准地了解消费者行为，优化其市场策略。再次，社交电商也是智能媒体商业模式的一种新型形态。一方面，智能媒体通过推送与用户兴趣、行为相匹配的商品或服务，推动用户产生购买行为；另一方面，智能媒体也可以为商家提供展示商品、宣传品牌的平台。最后，众筹和打赏也是智能媒体商业模式的一种创新方式。这种模式让用户有更多的参与感，也给创作者提供了更多的创作动力。

二、用户体验的持续优化

（一）提升交互体验：智能语音、触觉反馈等技术的应用

随着智能媒体技术的发展，用户的交互体验正在经历前所未有的变化和提升。特别是智能语音技术和触觉反馈技术的应用，为用户提供了更为自然、直观和沉浸式的交互体验。

智能语音技术作为一种新型的交互方式，正在逐渐改变用户与智能媒体的交互模式。其自然、直接的交互方式让用户无须通过键盘或触屏，只需语音输入就能完成操作，极大地提高了使用便利性。特别是对于视障人士或驾驶者来说，语音交互可以为他们带来无与伦比的便利性。语音交互也为内容消费方式带来了改变，如听书、智能语音助手等应用的出现，让用户在做家务、驾驶等情况下，也能轻松地获取信息或娱乐。

触觉反馈技术的应用也在不断提升用户的交互体验，通过模拟真实世界的触觉感受，让用户在虚拟世界中获得更为真实、生动的体验。例如，在视频游戏中，用户可以通过触觉反馈感受到游戏中的各种物理效果，如枪击、爆炸、碰撞等，从而大大增强游戏的沉浸感。在虚拟现实和增强现实技术的支持下，触觉反馈也可以提供更为真实的交互体验。

（二）内容推荐的精准度与多样性

内容推荐精准度的提升主要体现在两个方面。一方面，通过对用户行为数据的深度挖掘和分析，智能媒体能够了解用户的兴趣爱好、价值

观念等深层次需求，从而为用户推荐最符合其需求和口味的内容；另一方面，通过使用更先进的算法，如深度学习、强化学习等，智能媒体能够进行动态的、实时的内容推荐，实现对用户需求的实时响应。

智能媒体尊重内容推荐的多样性。尽管智能媒体能够进行精准推荐，但未来的智能媒体不会完全将用户困于自我偏好的泡泡中，而是在推荐内容中加入多样性，使用户有机会接触到自己不曾涉及的领域。这种多样性的推荐可以拓宽用户的知识和视野，也能够激发他们对不同领域的兴趣，促进知识的交叉融合。

（三）便捷化的用户服务与全面的用户支持

在如今这个高速发展的信息时代，用户面临的信息量呈爆炸式增长，因此，如何在众多信息中迅速找到自己所需，成为用户迫切需要解决的问题。智能媒体的发展为解决这一问题提供了可能，便捷化的用户服务与全面的用户支持将是它的重要手段。

便捷化的用户服务主要体现在提供简洁、高效的用户界面和操作流程上。这包括快速响应的搜索引擎，以帮助用户找到他们需要的信息，以及友好的用户界面，使得用户在浏览和交互时感到轻松和愉快。便捷化的用户服务还包括为用户提供多种获取信息方式，如新闻推送、在线聊天等，使得用户可以按照自己的喜好和需求获取信息。全面的用户支持则包括为用户在使用过程中可能遇到的各种问题提供解答和帮助，包括提供详尽的使用指南以帮助用户了解如何使用各种功能和服务，以及设立用户服务中心以解答用户的各种疑问。全面的用户支持还应该包括对用户反馈的及时响应，以便对服务进行改进和优化。

便捷化的用户服务和全面的用户支持的目标都是提供一个用户友好的环境，使用户能够方便、愉快地获取和交互信息。这能增加用户的使用频率和停留时间，提高用户的满意度和忠诚度，从而为智能媒体的长期发展提供稳定的用户基础。

（四）注重用户隐私与安全的技术创新

在当前数据驱动的智能媒体环境下，大量的用户数据使得精准推荐和个性化体验成为可能，同时带来了用户隐私和数据安全方面的问题。因此，如何在保证服务质量的同时，保护用户隐私和数据安全，将成为未来智能媒体发展的重要挑战。技术创新是解决这个问题的关键，可通过加密技术保护数据的安全。加密技术可以防止未经授权的访问和修改，从而保护用户数据的私密性和完整性。目前已有多种成熟的加密算法，如 RSA、AES 等，但仍须研发更高效、更安全的加密技术以应对日益复杂的网络环境。可通过匿名化技术保护用户隐私。匿名化技术可以在不泄露用户个人信息的前提下，利用用户数据进行分析和推荐。比如，差分隐私技术可以在统计数据时，通过添加噪声使得用户个人数据无法被识别，从而保护用户隐私。此外，区块链技术也可以在保护用户隐私和数据安全方面发挥作用。区块链技术的去中心化和不可篡改性，使其成为一种可能的解决方案，用户数据可以在区块链上存储和交易，用户对自己的数据有完全的控制权，数据的使用情况完全透明，有利于更好地保护用户隐私和数据安全。

三、全球范围内的智能媒体发展趋势

（一）全球化视角下的智能媒体竞争态势

1. 国家或地区间的竞争

如今，智能媒体领域的发展越来越成为各国的竞争焦点。它的重要性不仅仅在于提供信息传播服务，更在于其对国家竞争力的提升和国家安全的保障。全球各国和各个地区都意识到了这一点，并投入大量资源进行研发和创新。美国、欧盟、中国等重要的经济体在智能媒体领域的发展都已经取得了一定的成就。以美国为例，美国的互联网公司在全球范围内占据了重要的位置，如 Google、Facebook、Amazon 等，它们的产

品和服务深入人心，影响深远。这种影响力背后，是美国在互联网和人工智能技术上的领先地位。欧盟和中国的发展也同样引人瞩目。欧盟的数据保护规则和对互联网企业的监管力度，展现了欧盟在信息安全和数据隐私保护方面的决心和实力。而中国则以其庞大的互联网用户基数和快速的技术发展，吸引了全球的目光。如今，阿里巴巴、腾讯等中国互联网公司已经在全球范围内产生了重要影响。

各个国家和地区在智能媒体领域的竞争，关乎全球信息传播格局的塑造。谁能在智能媒体领域占据领先地位，谁就能在信息传播上拥有更大的话语权，从而塑造全球信息传播新格局。因此，每个国家和地区都在努力提升自己在智能媒体领域的竞争力，以获得全球信息传播的主导权。

2. 企业之间的竞争

数字化时代，全球各大互联网公司如 Google、Facebook、Amazon、腾讯、阿里巴巴等正在激烈地争夺智能媒体市场。这些公司之间的竞争呈现出一种新的态势，它们在产品和服务的质量上相互竞争，更在用户数据的获取和利用上进行竞赛。因为谁能掌握更多的用户数据，谁就能提供更精准的个性化服务，从而吸引和保留更多的用户。举例来看，Google 通过其搜索引擎、Gmail 等多种产品，获取了大量的用户数据，这些数据使谷歌能够提供更精准的搜索结果和个性化的广告推送，从而获得大量的用户和广告收入。腾讯和阿里巴巴也有着类似的策略。腾讯通过其社交网络产品——微信，获取了大量的用户社交数据，这些数据为腾讯提供了强大的用户画像和广告推送能力。阿里巴巴则通过其电商平台——淘宝，获取了大量的用户购物数据，这些数据为阿里巴巴的个性化推荐和广告投放提供了支持。

（二）全球主流智能媒体的创新与领先模式

美国的互联网巨头，如 Google、Facebook 和 Amazon，采取的主要创新策略是基于数据驱动的技术创新。Google 的强大搜索引擎和高级 AI

技术，可以为用户提供高度个性化和智能化的信息搜索服务，以满足各种用户需求；Facebook 则利用其广泛的社交网络和大数据分析，为用户提供定制化的信息推送和广告投放；Amazon 的电子商务平台则利用大数据和 AI，为用户提供精准的商品推荐和优化购物体验。中国的互联网巨头，如腾讯和阿里巴巴，展现出的主要创新模式是平台化和生态化的发展。例如，微信不仅仅是一款社交应用，而且是一个集支付、购物、信息获取和生活服务于一体的全功能平台；阿里巴巴则以电子商务为核心，构建了涵盖金融、物流、云计算等多个领域的全球化商业生态。

以上各个国家和地区的创新模式并非孤立的，而是相互影响、相互借鉴的。未来，全球智能媒体的发展趋势可能是多样化、生态化、平台化和智能化并存，并更加注重用户需求和用户权益的保护。

参考文献

[1] 刘庆振，于进，牛新权．计算传播学：智能媒体时代的传播学研究新范式［M］．北京：人民日报出版社，2019.

[2] 安琪，刘庆振，许志强．智能媒体导论［M］．北京：中国传媒大学出版社，2022.

[3] 田智辉．对话与变革：智能媒体技术驱动下的国际传播［M］．北京：知识产权出版社，2022.

[4] 张鸿．基于人工智能的多媒体数据挖掘和应用实例［M］．武汉：武汉大学出版社，2018.

[5] 里夫金．零边际成本社会［M］．赛迪研究院专家组，译．北京：中信出版社，2014.

[6] 王勋，凌云，费玉莲．人工智能原理及应用［M］．海口：南海出版公司，2005.

[7] 周苏，张泳．人工智能导论［M］．北京：机械工业出版社，2020.

[8] 喻国明，兰美娜，李玮．智能化：未来传播模式创新的核心逻辑——兼论“人工智能＋媒体”的基本运作范式［J］．新闻与写作，2017（3）：41-45.

[9] 段鹏．智能媒体语境下的未来影像：概念、现状与前景［J］．现代传播（中国传媒大学学报），2018，40（10）：1-6.

[10] 李鹏．打造智媒体，实现媒体自我革命［J］．传媒，2018（21）：22-23.

[11] 阚宇轩．人工智能环境下主流媒体践行建设性新闻理念的路径探索［J］．采写编，2023（6）：72-74，168.

[12] 李玉晓．人工智能技术在融合媒体系统中的研究与应用［J］．广播电视信息，2023，30（6）：54-56.

[13] 封荣权．人工智能在新闻传播中的应用分析［J］．新闻潮，2023（5）：27-29.

[14] 柳国伟．人工智能技术在数字媒体领域的应用［J］．电视技术，2023，47（5）：181-184.

[15] 王浩宇．人工智能给媒体带来的机遇与挑战［J］．记者摇篮，2023（5）：9-11.

[16] 赵子忠，王喆，郑月西．智能媒体的发展趋势与变革［J］．新闻战线，2023（7）：42-44.

[17] 王进良．人工智能技术在广电融媒体的应用［J］．电视技术，2023，47（3）：185-187.

[18] 赵艳艳，王大奎．新媒体时代在线深度学习的策略研究［J］．赤峰学院学报（汉文哲学社会科学版），2023，44（2）：77-81.

[19] 赵曦．人工智能时代新闻媒体创新发展的对策建议［J］．新闻文化建设，2023（5）：145-147.

[20] 沈浩，袁璐．智能技术促进媒体融合的创新探索与实践［J］．新闻战线，2023（5）：51-52.

[21] 周乐然．人工智能时代媒体企业转型路径探寻［J］．中国报业，2023（2）：56-57.

［22］卢林艳，李玉端，王成军．人工智能对媒体行业技能与未来就业的影响——基于机器学习和网络分析的方法［J］．新闻大学，2023（1）：101-117，123.

［23］赵晓玲．智能媒体时代“数字难民”的生存现状研究［J］．采写编，2023（2）：100-102.

［24］孙铁铮，于泽灏．基于深度学习的融媒体平台问政文本分类研究［J］．情报探索，2022（12）：1-7.

［25］丁晨洋，冯广圣．智媒时代智能广告创意的运作模型研究［J］．新媒体研究，2022，8（21）：54-56，65.

［26］周凯，李晖，刘桐．基于深度学习的网络媒体情感分析［J］．微处理机，2022，43（5）：31-34.

［27］王剑，彭雨琦，赵宇斐，等．基于深度学习的社交网络舆情信息抽取方法综述［J］．计算机科学，2022，49（8）：279-293.

［28］李燕．基于深度学习的融合媒体新闻推送技术应用研究［J］．中国传媒科技，2022（6）：147-150.

［29］官璐，周葆华．计算机视觉技术在新闻传播研究中的应用［J］．当代传播，2022（3）：20-26.

［30］商建辉．智能媒体时代互联网广告规制的创新趋势——评《中国互联网广告行业自我规制研究》［J］．传媒，2022（5）：99.

［31］陈雪，郑勇华，宋依霖．5G时代家庭智媒体的特征与应用场景［J］．今传媒，2020，28（7）：22-24.

［32］李珊珊．智能媒体时代户外广告升级发展的策略［J］．青年记者，2020（12）：102-103.

［33］郑艳．试析计算机视觉艺术在数字媒体中的应用［J］．电子世界，2020（7）：70-71.

[34] 朱中华 . 博达传媒：智能媒体为广告注入灵魂［J］. 声屏世界 · 广告人，2017（11）：88.

[35] 廖秉宜 . 优化与重构：中国智能广告产业发展研究［J］. 当代传播，2017（4）：97-101，110.

[36] 高振洋 . 智能媒体背景下新闻价值的延伸与重塑［D］. 杭州：浙江工商大学，2023.

[37] 王娟 . 智能媒体责任伦理建构探究［D］. 合肥：中国科学技术大学，2021.